萨巴厨房®

懒人快手做一餐

懒人有理！

主编 萨巴蒂娜

中国轻工业出版社

聪明人才偷懒

我现在是越来越懒了。

昨天做了一个冬瓜丸子汤，用 APP 买菜，买的偏瘦的去皮切块五花肉，再加一小块冬瓜，在备注栏里要求把冬瓜外皮去掉，顺便再来了一根葱。现在家里都懒得储备葱了，不然掉叶子，收拾起来麻烦，每次都是现吃现买，这样每次吃到的都是新鲜的。家里几乎除了鸡蛋和米面粮油，已经不储备任何食物了。

30 分钟后菜送到，将猪肉和大葱洗洗，用料理机把葱和猪肉一起打成肉馅，烧水开做，10 分钟不到，一大锅美味的冬瓜丸子汤就做好了。

倒入一勺镇江香醋，吃完洗碗，家务活一点不多，觉得这才是应该有的生活。

早餐更加省事，拿一张速冻的卷饼，用电饼铛加热，旁边煎个荷包蛋和两条培根。电饼铛的好处是不用监控，时间到了自动断电，熟了再放入两片生菜叶子一卷就可以吃了。

剩下的时间干什么呢？浇花，锻炼身体，看书，和家里人聊天，冥想，或者发呆，什么都不做也是好的。

是的，现代人偷懒必须要理直气壮。有那么多先进的工具，购物 APP，为什么不学着改善下生活呢？而且一点也不贵。

希望你能享受这本书。

高欣茹

萨巴蒂娜
个人公众订阅号

萨巴小传：本名高欣茹。萨巴蒂娜是当时出道写美食书时用的笔名。曾主编过五十多本畅销美食图书，出版过小说《厨子的故事》，美食散文集《美味关系》。现任“萨巴厨房”主编。

敬请关注萨巴新浪微博 www.weibo.com/sabadina

目录 CONTENTS

容量对照表

1 茶匙固体调料 = 5 克
1/2 茶匙固体调料 = 2.5 克
1 汤匙固体调料 = 15 克
1 茶匙液体调料 = 5 毫升
1/2 茶匙液体调料 = 2.5 毫升
1 汤匙液体调料 = 15 毫升

初步了解全书

为了确保菜谱的可操作性，

本书的每一道菜都经过我们试做、试吃，并且是现场烹饪后直接拍摄的。

本书每道食谱都有步骤图、烹饪秘籍、烹饪难度和烹饪时间的指引，确保你照着图书一步步操作便可以做出好吃的菜肴。但是具体用量和火候的把握也需要你经验的累积。

书中部分菜品图片含有装饰物，不作为必要食材元素出现在菜谱文字中，读者可根据自己的喜好增减。

懒人必备的快手神功秘籍

切刀法与握刀姿势

切刀法

根据烹调时间的需要，来决定食物形状的大小。不论任何形状，都要做到粗细和厚薄一致，恰当的刀工能让食材烹制后受热均匀而更加入味。

切蔬果

切片

在烹饪中，需要根据食材的质地来决定切片的大小，松软的食材要切厚，而脆硬的食材则切薄。

切条

条状是在切片的基础上进行改刀，即先切片，再切条。

切丝

有细丝和粗丝之分。材质硬的原料就切得细，材质软的原料则切粗一些。

切段

长条状的食材需要切成长短一致、同样厚度的小段，一般约3厘米。

切丁

先切厚片，后切条、再切成丁。

切粒

一般多用于配菜的切法，是在切丝的基础上再切成粒。

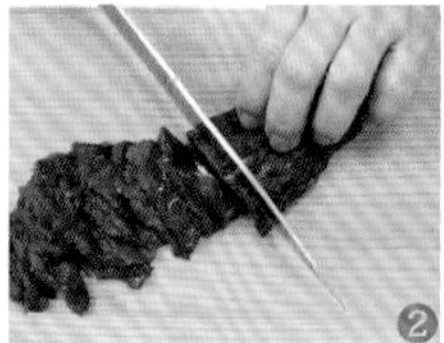

切鱼

鱼肉嫩滑，只需要顺着纹路切就可以轻松烹制。

切肉

❶ 猪肉有少部分筋，需要斜着纹路切，口感才不会柴。
❷ 牛羊肉，顶着纹路切，才能适于烹调。
❸ 鸡肉嫩，几乎无筋，只要顺着纹路切就很好加工。

握刀姿势

基本原则是：稳、准、有力。
一般有两种：

❶ 用五指紧握住刀柄。

❷ 大拇指在菜刀左侧，食指压住刀背，其余三指合力握紧刀柄。

厨房必备锅具

← 炒锅

作为厨房新手，最先接触的就是炒锅了。炒锅有铁锅和不粘锅，不论是哪种，都可以根据自己的需要来选择。

选购建议：

1. 受热均匀，传热效率高

尤其是需要快炒的菜品，对于火候能否成功把控，锅的传热效率是非常重要的，对于锅身材质是有一定要求的。

2. 锅身轻巧

如果你需要有颠勺这样的“高级操作”，轻巧的锅身相信会帮到你许多。现在很多不粘锅也已经做到十分轻巧了，选购时可以按照自己的使用习惯实际拿握一下。

3. 易于清洁

打扫“战场”这种事情是烹饪之后必不可少的，如果锅身表面的材质不好，很容易造成不易清洁的现象。

清洗方法：

遇到一时不易清除的东西可以先用热水浸泡片刻，切忌用铲子使劲往下刮。

煮东西糊锅时，尽量用海绵刷来刷洗，避免使用类似钢丝球等锋利的工具来清洗。

→ 电饭锅

电饭锅是每个家庭的必备锅具之一。除了煮饭的基本功能外，现在的电饭锅设计得更加智能化、人性化。不仅可以预约时间，还具备煲汤、蒸煮、蛋糕等其他功能。用电饭锅煮食不用看管且不干锅，还可以用来焖烧食物，真可以说是一锅抵万锅。

选购建议：

1. 功能丰富的更实用

现代家庭都喜欢多种口味的菜系，一款具备了多功能的电饭锅可以让你从厨房事务中解放不少。智能电饭煲已经是主流，选它就没错了。老式机械式电饭煲功能太单一，不建议选购。

2. 根据家庭成员来选择容量

三口之家就选 3 升的，五人以上的就要 5 升以上的。

3. 是否容易清洗

电饭锅用久了难免会溢锅，设计好的电饭锅会更加人性化，比如内盖可拆除下来冲洗，或是蒸汽阀可以拆卸，这些小细节都会让使用更加得心应手。

← 电压力锅

对比传统压力锅，电高压锅省去了排汽的步骤且无噪音，更加安全好操作。而且还能预约定时，不用专人看管。特别适合用于煲汤以及需要较多时间烹制的食物，如牛羊肉、排骨等。

选购建议：

1. 安全性能

这个是选购电压力锅的重要因素。比如贴心的手动一键排压就非常好用，不用担惊受怕地使用压力锅了。

2. 内胆是否可替换

好用的电压力锅都会配备两个内胆，煮饭用不锈钢内胆，煲汤就用彩珢内胆，让烹制的饭菜更加美味。

保养方法：

1. 每次使用完，及时拆除防堵罩，经常性地堵塞会影响电压力锅的使用年限。
2. 内胆要小心清洗，特别是涂层内胆，如果发生脱落还继续使用，会影响健康。建议重新更换。

→ 电烤箱

电烤箱这几年的使用率提高了很多，除了可以烘焙蛋糕和面包，还能用来烤肉、焗面饭、制作布丁和酸奶。三口之家最少要选用 28 升以上的容量，这样可以减少加热不均匀的情况。需要注意的是，家用烤箱的温度都会有少许偏差，所以在根据菜谱进行烤制时，要根据自家烤箱的特性来灵活调整温度。

选购建议：

1. 电烤箱每次工作后总会留下油污需要清洗，所以易清洗的内胆是选购的首要考虑因素。搪瓷、镀锌或是不锈钢内胆，你完全可以选择一款自己偏爱的。
2. 温度的准确性也是需要考虑的。选择机械式还是电子式的烤箱，在权衡利弊后选择最适合自己的肯定错不了。

清洗方法：

1. 在烤制多油食物时，尽量使用锡纸，这样可以减少油污，清洗起来会省事很多。
2. 有的烤箱可以卸下玻璃门完全清洗，每次用完后记得用洗洁精清洗，也能让烤箱常用如新。

烹饪的关键要素

巧控油温

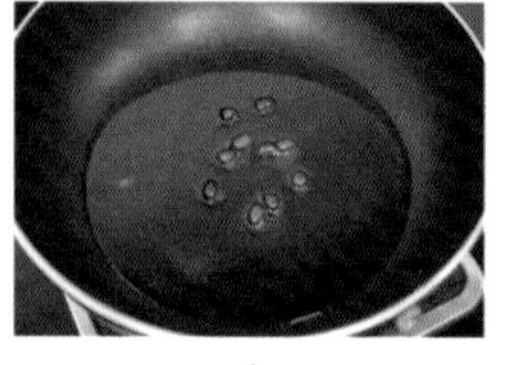

温油

用手放在油面上方感知，仅有温温的热度，油面无响声，此时油温为三四成热。

热油

表现为在锅面上有少许青烟，放入食材会出现小的油泡，此时油温为五六成热。

旺油

油面有响声，用手放在油面上感觉较热，食材投入锅中会冒泡，此时油温为七八成热。

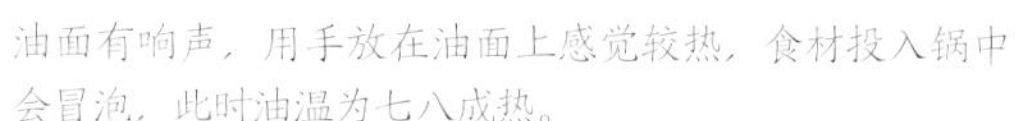

掌握火候

火候对于菜的品质是至关重要的。厨房新手需要多下厨几次，就能掌握其中的窍门。

微火

适合需要长时间炖煮的食材，以达到入口即化、熟而不柴的口感。

小火

特别适合于煲汤，小火能使更多的汤内的蛋白质溶解，既美味又营养。

中火

在油炸时一般用中火，既不煳锅，又能有酥脆的口感。

大火

炒菜和蒸煮时用大火急炒，才能让食材的口感达到最佳。

牛肉酱

材料

牛肉500克 | 甜面酱300克

盐2茶匙 | 郫县豆瓣2汤匙

食用油3汤匙

使用

自制的牛肉酱每次吃完后可以存在干净的密封容器里冷藏保存。牛肉酱除了可以拌饭、拌面吃，也能蘸馒头、煎饼或是夹着馍吃，都十分美味下饭。

做法

1 用搅拌机将牛肉绞碎备用。

2 起锅烧油，用小火把郫县豆瓣炒出香味。

3 加入牛肉末，用小火翻炒，加盐和甜面酱调味。

4 不断搅拌均匀，炒至牛肉末变稠即可。

5 喜欢辣味的，可以添加干辣椒。

甜面酱

材料

面粉100克

白糖80克

老抽30毫升

玉米油2汤匙

使用

甜面酱可以直接蘸着吃，比如蘸大葱、北京烤鸭，或是做炸酱面，还能用来烧各种菜肴，比如京酱肉丝。如果想要更好地突出甜面酱的味道，需要将甜面酱炒香后再加入其他材料一起烹饪。

做法

1 面粉加水，用勺子调成糊，尽量调匀少颗粒。

2 依次加入老抽和白糖调匀。

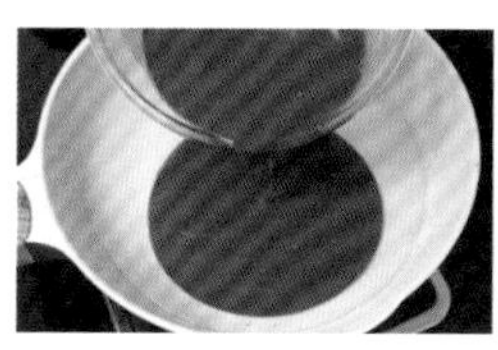

3 锅中加入玉米油，冷锅小火时下入面糊。

4 全程开小火，用木铲贴着锅底不断搅拌。

5 搅至面糊冒泡为糊状时尝下味道，视个人口味加入老抽和白糖并搅匀。

6 调好味道后关火。待冷却后即可装入无水的密封瓶中保存。

蒜香辣酱

材料

朝天椒 500 克 | 大蒜 100 克 | 生姜 50 克
白芝麻 30 克 | 食用油 3 汤匙 | 盐 20 克
白糖 30 克

使用

蒜香辣酱辣中带甜，直接拌饭、拌面、蘸肉吃就已经十分开胃了，也可以在炒菜时作为调料，提鲜增香。

做法

1 将朝天椒洗净，剁成末。大蒜和生姜洗净，剁成蓉。

2 起锅烧油，用小火把大蒜末炒出香味。

3 依次加入姜蓉、朝天椒末、白芝麻，用大火炒匀。

4 最后加入盐、白糖调味，煮至酱汁浓汁即可关火。

芝麻酱

材料

生白芝麻 100 克
香油 50 毫升

使用

芝麻酱不仅爽口诱人，而且营养丰富。它可以和香菜、豆腐乳、韭菜花、蒜泥一起调制成火锅蘸料，也可以在凉菜、拌面里加入。需要注意的是，芝麻酱最好提前加温水稀释后再和其他调料调匀使用。

做法

1 白芝麻挑出坏粒，洗净后沥干。

2 小火，放入洗净的芝麻，不断翻炒至芝麻变黄色且有香气，大约需要 20 分钟。

3 炒好的芝麻盛出放凉后，取一半的芝麻和一半的香油装入研磨机中。

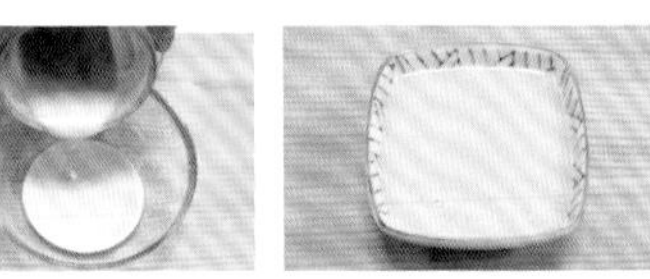

4 制成浓稠的芝麻酱后倒出，再研磨剩余的另一半芝麻和香油。

5 做好的芝麻酱是无味的，食用时根据个人口味加入其他调料即可。

剁椒酱

材料

红辣椒 500 克 | 大蒜 50 克
生姜 20 克 | 盐 25 克
白糖 15 克 | 高度白酒 30 毫升

使用

剁椒酱作为颇受欢迎的调料之一，特点是香辣爽口，十分开胃。最简单的吃法就是在米饭或面条中直接加一勺，就可以让人胃口大开。此外用来炒菜、炒肉更是美味升级，比如剁椒金针菇。

做法

1 辣椒洗净，晾干后用料理机打碎。

2 蒜和生姜洗净，晾干后打成蓉。

3 以上材料装入大碗中，加入盐、白糖拌匀，加入白酒调匀。

4 做好的剁椒酱装入无水无油的玻璃瓶中，室温下放置10天后即可食用。

鸡蛋酱

材料

鸡蛋3个 | 青椒1个
蒜叶适量 | 黄豆酱适量 | 油适量

使用

鸡蛋酱做法虽然简单，味道却毫不逊色。最常用在拌面中，或是蘸着各种蔬菜也十分好吃。

做法

1 鸡蛋磕入碗中，用筷子打成鸡蛋液。青椒和蒜叶洗净，切成小片。

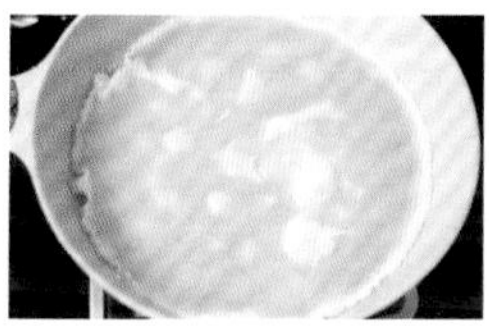
2 锅中放油，烧至七成热时，下入鸡蛋液摊匀。

3 放入青椒片和黄豆酱继续炒匀，可以加点水防止煳锅。

4 最后加入蒜叶片炒匀即可。

市售的常用酱料的使用方法

沙茶酱

用法：既可以作为火锅蘸料，也可以作为烧烤酱料。此外，烹制肉类时加入可以提鲜增味。
注意事项：在菜品出锅前加入少量，炒匀即可。

柱侯酱

用法：适用于鸡鸭鹅肉和海鲜的烹制，能去腥提鲜。加了柱侯酱的菜品，咸香可口，味道醇美。此外，也可以做底酱，和其他调料调为作料直接蘸取。
注意事项：使用柱侯酱的同时，不要再添加酸辣甜口味的其他调料，那样会掩盖柱侯酱本身的鲜味而无法发挥作用。

排骨酱

用法：可以用来腌肉、炒肉。等菜炒好后再放入排骨酱，也可以和其他调料先调好，再淋在菜上。
注意事项：在调入排骨酱时，锅中不要留过多的汤汁，等收汁时再放排骨酱口感最好。

虾酱

用法：可以用来蒸菜、炒菜，或是调入汤料中，也可以作为蘸料直接食用。
注意事项：由于虾酱在制作过程中已加入盐，所以烹制菜肴时无须再添加盐。

叉烧酱

用法：除了可以做叉烧肉，也可以用来腌制食材，或是作为调味品直接佐餐。
注意事项：作为腌制调料时，最好提前4小时腌制，会更加入味。

海鲜酱

用法：提鲜增香，不仅能用来炒菜，也可作为腌料入味，还可以直接蘸食。
注意事项：用海鲜酱入菜时，以中小火为佳，火太大容易烧焦。菜品中如果有海鲜酱的加入，盐切记要少放或是不放，以免咸味过重。

本书中常用的懒人套路

1. 自家做菜想偷懒的时候，别买太难处理的食材，不论是难洗、难切、还是难去皮等，一概不考虑。如今市场上有很多食材是已经洗好的、切好的，比如去好皮的荸荠、剥好皮的虾仁等，大大节省了做菜的时间。

2. 选好用的调料，让你不必费心调味配比，就能做出好吃的菜肴。比如各种酱、复合类的调味品，都可以让你事半功倍。

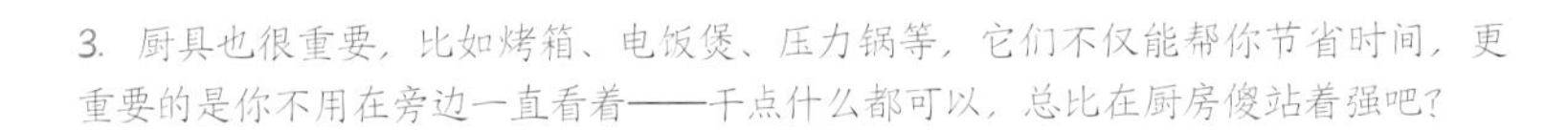

3. 厨具也很重要，比如烤箱、电饭煲、压力锅等，它们不仅能帮你节省时间，更重要的是你不用在旁边一直看着——干点什么都可以，总比在厨房傻站着强吧？

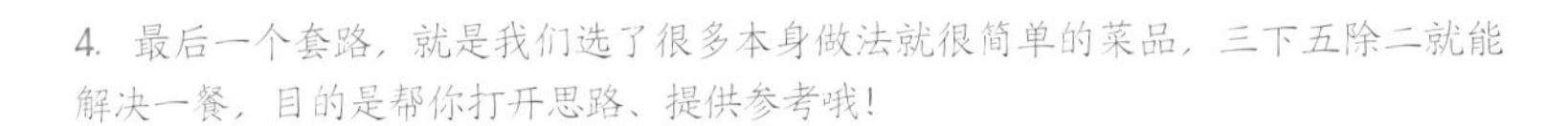

4. 最后一个套路，就是我们选了很多本身做法就很简单的菜品，三下五除二就能解决一餐，目的是帮你打开思路、提供参考哦！

以上套路，我们都用相应标识标注在了书中，帮助读者们领会和参考。

1 Chapter 家常菜

绵软好滋味

豆瓣芋仔排骨

25分钟　简单

主料

猪排骨500克

市售切条的芋头包装成品500克

辅料

郫县豆瓣酱4汤匙 | 生抽1汤匙

生姜1块 | 大蒜3瓣 | 小葱段3克

偷懒秘籍

用超市已去皮的芋仔成品
+
使用电饭锅，无须看锅

做法

1 猪排骨清洗干净后，切成均匀的小块。

2 锅中加冷水，将排骨和姜片、大蒜一起放入，水开后焯烫2分钟，捞出沥干备用。

用超市已去皮的芋仔成品

3 取出市售的芋头成品，清洗干净备用。

4 取出一个盘子，在沥干的排骨和芋头中舀入豆瓣酱。

5 再倒入生抽、调匀后装入盘中。

使用电饭锅，无须看锅

6 将盘子装入电饭锅，选择“蒸煮”按钮。

7 取出蒸熟的排骨，撒入小葱段即可。

烹饪秘籍

因为豆瓣酱里已含有盐分，所以无须再加盐，否则会太咸。加入生抽既能调色，也能增加此道菜的口感。

加了豆瓣酱的排骨让人胃口大开，搭配绵软的芋仔，口感及营养瞬间提升，看似普通的一道菜，其实最能让人百吃不厌。

美味混搭不打折

苦瓜炒里脊

30 分钟　简单

主料

猪里脊 200 克
苦瓜 1 根

辅料

食用油 1 汤匙
豆豉酱 3 汤匙
白糖少量 | 生抽 1 汤匙
生姜 1 块 | 大蒜 3 瓣 | 葱末 3 克

偷懒秘籍
使用市售的豆豉酱

做法

1 里脊肉洗净，切成薄片，依次加入白糖、生抽、食用油拌匀，腌制 10 分钟。

2 苦瓜洗净，去除白瓤，从上到下竖切，平均切成四片，再斜切成薄片。

3 锅中加水烧开，加入苦瓜焯烫 1 分钟后捞出，沥干备用。

4 锅里放入适量食用油，倒入蒜片和生姜，用小火煸香。

5 倒入里脊肉、加入白糖，用大火快速翻炒，待肉片炒至变色，放入苦瓜。

使用市售的豆豉酱

6 再放入豆豉酱翻炒入味。

7 最后撒上葱末即可装盘。

烹饪秘籍

挑选苦瓜时，可以根据外形来挑选自己喜欢的口味。纹路平滑、色发白的苦瓜，苦味会淡一些；而纹路突出、颜色较绿的苦瓜，口感就苦一些。

豆豉的独特味道可以调节苦瓜的苦味，给平淡的里脊增添了几缕清香。翠绿色的苦瓜脆脆的，搭配棕红色的里脊，这道菜摆在桌上，好缤纷，好炫彩。

洗手做羹汤

菌菇滑肉羹

20分钟 简单

主料

猪瘦肉150克
白玉菇50克
蟹味菇50克

辅料

猪骨味浓汤宝1个
白胡椒粉1茶匙 | 小葱1根
盐1克 | 食用油适量 | 淀粉2茶匙

偷懒秘籍
使用市售的浓汤宝

做法

1 瘦肉洗净，切成小丁；加入部分淀粉以及盐、白胡椒粉，拌匀，腌制好。

2 小葱清洗干净，切成末；白玉菇和蟹味菇去除根部，将每根分离后洗净备用。

3 锅烧热，倒入食用油，烧至八成热时，加入瘦肉、白玉菇和蟹味菇翻炒。

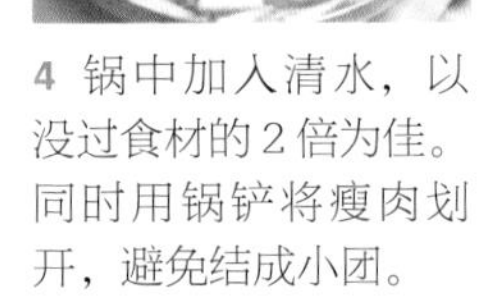
4 锅中加入清水，以没过食材的2倍为佳。同时用锅铲将瘦肉划开，避免结成小团。

使用市售的浓汤宝

5 待水烧开后，加入1小袋的猪骨味浓汤宝。

6 淀粉加30毫升清水，调匀后倒入锅中。

7 等水再次烧开后，加入小葱末调味即可。

烹饪秘籍

加入清水前先煸炒瘦肉及菌菇，是为了把这两者的香味更好地逼出，能提升这道菜的口味。

菌菇爽滑柔嫩，肉筋道弹牙，二者结合造就了汤的鲜味与营养。运用购买的浓汤宝，方便快捷，鲜味十足。这道菜既可当菜也可以做汤。

简单轻食做起来

椒盐猪排

30 分钟　简单

主料

市售已切好的猪肉排 3 块（约 250 克）

辅料

鸡蛋 1 个 | 椒盐粉 8 克
食用油 1 汤匙 | 面粉适量
面包糠适量

偷懒秘籍

使用超市切好的猪肉排

做法

1 将猪排清洗干净，用厨房用纸吸干水分。

超市切好的猪肉排

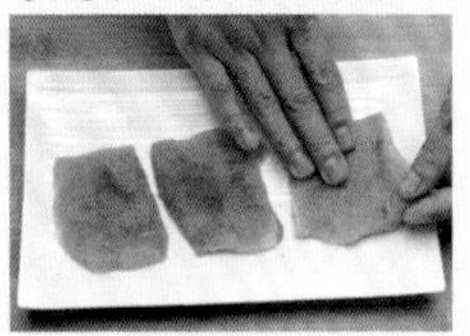

2 将猪排两面均匀裹上椒盐粉，腌制 5 分钟以上。

3 鸡蛋打成蛋液备用。

4 在碗里放入适量面粉，将猪排放入，均匀裹上面粉。

5 接着将猪排两面均匀地裹上鸡蛋液。

6 最后再裹上一层面包糠。

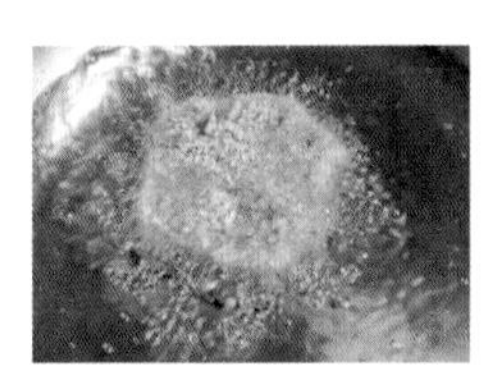

7 热锅放油，中火烧至五成热时转小火，将猪排放入，炸至两面金黄时即可。

烹饪秘籍

炸猪排时，火候很关键，用大火煎制容易焦煳，用小火慢煎，则能煎出香而不焦的猪排来。

炸得两面金黄的猪排散发着香气，外酥里嫩。自制的猪排不会太过油腻，还可以保证温度与新鲜。隔壁小孩都馋哭了。

粗犷中透着美

五花肉烧海带结

1小时20分钟　中等

主料

猪五花肉300克
泡发好的海带结100克

辅料

食用油3毫升 | 盐少许
冰糖10颗 | 姜片5克
红烧酱油2汤匙 | 干辣椒3个
葱段3克

偷懒秘籍

使用电饭锅，无须看锅

做法

1 猪五花肉切成2厘米左右的方块，入炒锅快速焯水1分钟，捞出控干水分。

2 把泡发好的海带结用水冲洗干净。

3 炒锅中放入食用油，烧至五成热时，加入姜片、葱段煸香。

4 加入五花肉翻炒，并加入红烧酱油、冰糖、盐调味。

5 加开水，没过五花肉后转入电饭锅中。

使用电饭锅，无须看锅

6 电饭锅选择“煮饭”键，煮10分钟左右，加入海带结和干辣椒。

7 继续焖煮至电饭锅按键自动弹起即可。

烹饪秘籍

炖肉时加的水一定要用热水，否则煮出的肉会很柴，影响口感。

烧五花肉一直是餐桌上的一道硬菜，是每个中国家庭的经典菜目。有棱有角的肉泛着诱人的醇香，散发着王者的气息。

营养美容佳品

爆炒猪血

30分钟　简单

主料

猪血 250 克

韭菜 200 克

辅料

干辣椒 3 个 | 食用油适量

生抽 2 汤匙 | 大蒜 4 瓣

盐少许 | 鸡精 2 克

偷懒秘籍

食材猪血易于处理

做法

食材猪血易于处理

1 猪血清洗干净，切成 2 厘米见方的块，倒入沸水中浸泡 5 分钟，捞起沥干备用。

2 韭菜择好洗净，切成 3 厘米长的小段；干辣椒切成小段，大蒜去皮、切成薄片。

3 锅里放入食用油，烧至五成热时，加入大蒜片和干辣椒煸炒出香味。

4 加入猪血翻炒 1 分钟。

5 加韭菜继续翻炒，边炒边加入盐和生抽。

6 起锅时加入鸡精炒匀即可。

烹饪秘籍

猪血炒前在热水中浸泡，一是为了去除猪血的腥味，二是为了下锅炒时不易碎掉。

弹牙丝滑的猪血有着大理石一般的光泽，在锅里翻炒之后边缘变得焦黄。韭菜提味增鲜，遮盖了猪血的腥味，带来了独特的诱人气息。

有鱼香不一定有鱼，就是这么神奇。鱼香味加上爽滑的木耳、鲜脆的莴笋、香嫩的鸡柳，真是绝佳搭配。

没有鱼的鱼香味

鱼香木耳莴笋炒鸡柳

30 分钟　简单

主料

鸡胸肉 250 克

辅料

泡发木耳 100 克 | 莴笋 100 克
食用油 2 汤匙 | 盐 1/2 茶匙
白糖 2 茶匙 | 生抽 1 汤匙 | 料酒 1 汤匙
鱼香酱 2 汤匙

烹饪秘籍

如果想鸡柳更加入味，可以提前腌制好，放入冰箱冷藏数小时后再拿出来烹制。

做法

1 将鸡肉洗净、切丝，加入生抽、白糖、料酒腌制 5 分钟以上。

2 木耳洗净、切丝，莴笋去皮、洗净、切丝。

3 锅中放入少许油，油烧至八成热时倒入木耳、莴笋丝，大火翻炒 3 分钟左右。

4 加入盐翻炒后，倒入腌制好的鸡肉继续翻炒。

使用市售的鱼香酱

5 炒至鸡肉变软发白时，加入鱼香酱，再炒 1 分钟即可。

酸甜小清新

菠萝苦瓜炖鸡锅

1小时 简单

酸酸甜甜就是我！不一样的鸡块，做出了这道充满着东南亚风情的快手菜。电饭锅造就的奇妙味道，酸甜苦辣咸只缺一味，颇受小孩子欢迎。

主料

市售已切好的鸡块500克 | 苦瓜1根

辅料

切好的菠萝块200克 | 生姜2克

盐1/2茶匙 | 米酒1汤匙

烹饪秘籍

1 菠萝作为食材入菜时，要挑选成熟的，这样炒后味道会比较浓，更加酸甜可口。挑选菠萝时，可以用手轻碰果实，如果摸起来比较软则已经比较成熟，可以马上食用。相反，手感比较硬的则还可以存放几天。

2 菠萝用淡盐水泡过会变得更甜。

偷懒秘籍

用电饭锅 无须看锅

做法

1 苦瓜去子、去瓤，切成薄块，洗净后放入热水锅，焯1分钟去除苦味。

2 鸡肉洗净，放入冷水锅中，烧开后入锅焯1分钟，捞出备用。

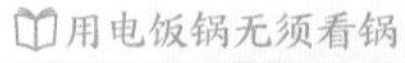

用电饭锅无须看锅

3 将鸡肉、苦瓜、菠萝，生姜全部放入电饭锅，加水没过食材，按下“煮饭”键至跳起。

4 出锅前加入米酒和盐即可。

追剧小零嘴

泡椒鸡柳

30分钟　简单

主料

鸡柳 300 克

辅料

泡小米椒材料包 1 袋

食用油 1 汤匙 | 盐 1/2 茶匙 | 淀粉 1 茶匙

蒜末 3 克 | 姜末 3 克 | 红辣椒 2 个

白糖 1 茶匙 | 鸡精 2 克 | 料酒 1 汤匙 | 生抽 2 茶匙

偷懒秘籍

使用市售的调料包

做法

1 鸡柳洗净、切成丝，加入淀粉、盐、料酒腌制 10 分钟。

使用市售的调料包

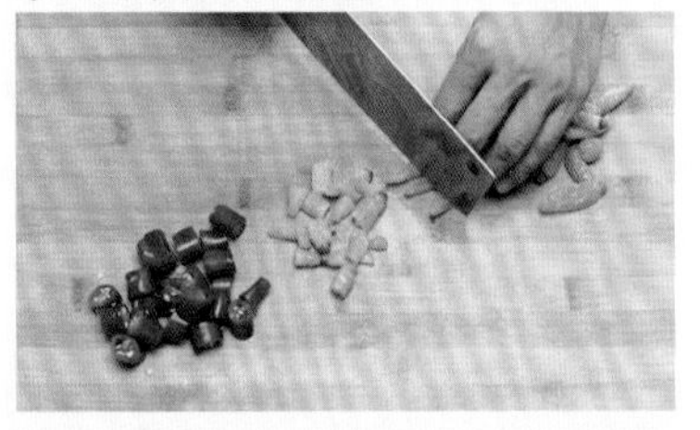

2 泡椒从材料包取出，切成 3 厘米长的小段；红辣椒洗净，切成 3 厘米小段备用。

3 锅中放入油，烧至五成热时倒入蒜末、姜末煸炒出香味。

4 倒入鸡柳后转大火翻炒至变软。

5 加入泡小米椒和红辣椒继续炒匀。

6 出锅前加入生抽、白糖、鸡精调味即可。

烹饪秘籍

鸡柳处理起来比较省时快速，如果时间充裕，用去骨的鸡腿肉来烹制味道会更好。

泡椒是川菜中必不可少的一份子，酸鲜爽口，使人胃口大开，食指大动。泡椒鸡爪是很多人的最爱，泡椒与鸡柳又会摩擦出怎样的火花呢？

舔舔手指再来一盘

土豆烧鸭翅

1小时 简单

主料

土豆2个

鸭翅300克

辅料

食用油1汤匙 | 盐2克 | 蒜末3克

姜末3克 | 红辣椒1个 | 白糖1茶匙

生抽2汤匙 | 鸡精2克 | 料酒1汤匙

偷懒秘籍

食材易于处理

做法

食材易于处理

1 鸭翅洗净，切小块。土豆去皮、洗净，切成滚刀小块，泡水备用。

2 锅中加冷水，将鸭翅放入，水开后焯烫2分钟，捞出沥干。

3 锅中放入食用油，烧至五成热时倒入蒜末、姜末煸炒出香味。

4 加入鸭翅、盐、料酒翻炒至七成软时，加入清水。

5 然后加入土豆和红辣椒。

6 再加入白糖、盐、生抽进行调味。

7 出锅前加入鸡精即可。

烹饪秘籍

有的人不喜欢鸭肉的腥味，其实只要两个步骤就能去除。一是将切好鸭肉用清水泡出血水；二是在烹制时加入生姜和料酒。

土豆是一种有魔法的食物，煎炒烹炸，怎么做都受欢迎。快手菜里面当然少不了土豆烧菜，简单的食材也能创造出惊人的味道。

新时代养生经典

山药烧老鸭

1小时20分钟　简单

主料

山药 300 克

市售已剁块的老鸭 1000 克

辅料

生姜片 5 克 | 葱花 5 克

枸杞子 10 克 | 啤酒 3 汤匙

盐 1 茶匙

偷懒秘籍

使用电饭锅
无须看锅

做法

1 将剁块的老鸭洗净；山药去皮、洗净，切成滚刀块，泡在水中备用。

2 锅中加入凉水，倒入老鸭，煮沸后马上捞出，用清水冲洗干净。

使用电饭锅无须看锅

3 电饭锅洗净，加入焯过的老鸭、生姜、葱花、啤酒，再注入鸭肉两倍高的冷水，按“煮饭”键。

4 待电饭锅煮好鸣响时，加入山药和枸杞子，再按一次“快煮”键。

5 都煮好时，加入盐和葱花调味即可。

烹饪秘籍

山药材质绵软，熟得很快，一定要在起锅前几分钟再放入，如果煮太久而使山药变碎，整道汤就会显得混浊不清爽。另外，山药去皮时一定要戴上手套，以避免皮肤瘙痒。

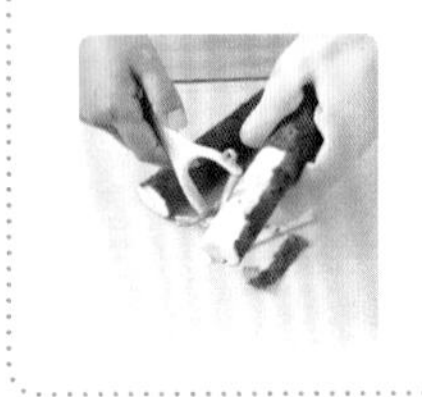

啤酒就枸杞子，山药加肥鸭，这是新时代的养生方式。潇洒与沉稳共处，简单和美味并存。这道山药烧老鸭快手菜，是年轻人的智慧。

独特香气的滋补佳品

姜母鸭

1小时10分钟　简单

主料

鸭子半只

辅料

香油2汤匙 | 老姜150克
米酒3汤匙 | 红烧酱油3汤匙
八角2个 | 香叶3片 | 冰糖1小把

偷懒秘籍
用电饭锅
无须看锅

做法

1 鸭子洗净，切成均匀的小块。

2 凉水入锅，放入鸭肉煮沸后捞起，沥干备用。

3 起锅倒入香油，放老姜，用小火煸炒。

4 炒至表面焦黄时，加入鸭肉，改用大火翻炒约2分钟，直至肉色变黄。

5 加入清水没过鸭肉，再加入红烧酱油、米酒、八角、香叶、冰糖煮沸。

用电饭锅无须看锅

6 煮沸后转入电饭锅中，按“煮汤”键，待电饭锅跳至“保温”键时即可。

烹饪秘籍

这道菜里老姜和米酒是关键，老姜的浓郁才能使姜母鸭的味道更加正宗；如果买不到米酒，也可以用料酒代替。

这是源自福建泉州的一道特色温补菜品，滋补又美味，温和不上火，适合秋冬季节食用。自己在家用电饭煲也能做出这道传统特色菜。

鲜脆可口的简单美味

胡萝卜莴笋丝炒牛柳

30分钟 简单

主料

胡萝卜半根（约100克）
莴笋150克
半成品腌制牛柳丝200克

辅料

食用油2汤匙 | 小葱1根
生姜3片 | 盐1/2茶匙

偷懒秘籍
用半成品腌制牛柳

做法

1 将胡萝卜和莴笋冲洗干净，去皮后用擦丝器擦成丝状。小葱洗净，切成段备用。

用半成品腌制牛柳

2 锅里放入适量食用油，烧到八成热时，放入半成品腌制牛柳。

3 大火煸炒牛柳至全部变色后盛出备用。

4 锅内留少量余油烧热，加入葱段、姜片煸香。

5 将胡萝卜丝和莴笋丝一起倒入，大火快炒约1分钟至熟，加入盐调味。

6 最后将牛柳倒进锅中，和胡萝卜丝和莴笋丝一起翻炒几下即可。

烹饪秘籍

1 胡萝卜莴笋丝也可以先用热水焯1分钟后快速捞起，这样处理后再下锅炒，既保证了色泽的漂亮，也能缩短烹饪时间。

2 半成品腌制牛柳可在超市熟食柜买到，如果没有，也可以用冷冻腌制牛柳来代替，但需要提前1小时解冻。

很多新手厨娘往往在买什么部位的肉、用什么调料腌制、等待多久等众多问题上犯难。这个菜满足了新手菜鸟没有时间还想尝试做饭的小小愿望。

清新有营养

茭白炒牛肉

30分钟 简单

主料

牛肉300克

茭白2根

辅料

食用油2汤匙 | 盐1/2茶匙

生抽1汤匙 | 白糖1茶匙

黑胡椒粉1茶匙 | 红辣椒1根

玉米淀粉1/2茶匙

偷懒秘籍

食材易于处理

做法

1 牛肉洗净，逆纹切成薄片，加入生抽、白糖、黑胡椒粉、玉米淀粉腌制10分钟。

食材易于处理

2 茭白剥去外皮，洗净，切成滚刀块。

3 锅中放入油，烧至八成热时倒入牛肉快速翻炒。

4 待牛肉炒至发白变色时，加入茭白翻炒均匀。

5 炒至茭白变软时，加入红辣椒快炒1分钟。

6 最后再用盐、白糖调味即可。

烹饪秘籍

切牛肉时，一定要看清纹路再切，逆纹切牛肉，炒好的牛肉才会嫩，不会柴。

茭白圆乎乎的很好切，脆脆的很有嚼劲。牛肉简简单单切成薄片，加入日常的调料腌制。两种易得的超市成员会擦出美妙的味道。

清清淡淡的滋补佳品

胡萝卜炖羊肉

1小时20分钟　简单

主料

羊肉 500 克
胡萝卜 1 根

辅料

生姜 4 片 | 葱段 8 克
料酒 2 汤匙 | 盐 1 茶匙
香菜末 20 克 | 食用油 1 汤匙

偷懒秘籍
使用电饭锅
无须看锅

做法

1 羊肉洗净，切成 3 厘米左右的小方块。胡萝卜去皮、洗净，切成滚刀块。

2 将羊肉放入清水中浸泡 20 分钟后捞出，沥干备用。

烹饪秘籍

羊肉炖汤时，最好是热水下锅，这样煮出来的肉比较紧实而不发硬。另外，在挑选羊肉时，记得看、闻、摸。颜色鲜红、肉质不含水分，没有异味的羊肉则可以放心购买。

使用电饭锅无须看锅

3 电饭锅里放入食用油，烧至冒热气时，加入姜片和葱段煸炒。

4 待炒出香味时，加入羊肉、料酒和开水，水位需没过羊肉。

5 按“煮饭”键，待羊肉快熟时，加入胡萝卜。

6 待按键跳起时，加入香菜末和盐调味即可。

秋日天气渐冷，早晚温差大，可以在饮食上加以调理。羊肉是温补佳品，适合秋冬食用。电饭锅也能做出简单的滋补美味。

酥软浓香

红烧羊小排

50分钟　简单

主料

羊小排 500 克

辅料

食用油 1 汤匙 | 生姜 4 片 | 生抽 2 汤匙
老抽 2 茶匙 | 冰糖 10 颗 | 花椒 10 克
八角 10 克 | 小葱 2 根 | 盐 1 茶匙
料酒 1 汤匙

偷懒秘籍
用压力锅节省时间

做法

1 羊小排洗净，切成小方块。小葱洗净，切成约 5 厘米长的段备用。

2 冷水入锅，放入羊小排，水开后焯 1 分钟，沥干备用。煮羊小排的汤撇去浮沫后盛出备用。

3 锅中放油，小火烧至五成热，放入花椒、八角，慢慢炒出香味。

4 锅中继续放入羊小排，加入料酒、冰糖、生抽、老抽、盐翻炒均匀后加入羊排汤，水位以没过羊小排为好。

用压力锅节省时间

5 把除了小葱以外的所有材料，包括生姜，转入压力锅中，大火煮开至上汽，炖煮 20 分钟。

6 煮熟后打开压力锅，均匀撒上葱段即可。

烹饪秘籍

烹煮羊肉最担心的是有膻味，要想去除膻味，一是提前焯烫，二是在煮制过程中加入花椒和八角，都能很好地使羊肉更加鲜而不膻。

短短的等外卖时间就可以做出一锅飘香四溢的酥软浓香的羊排。堪比饭店水平的红烧羊排可以作为宴请朋友的压轴菜。

鲜香素雅

圆白菜炒虾仁

20 分钟　简单

主料

圆白菜 250 克

市售冷冻虾仁 150 克

辅料

食用油 2 汤匙 | 生姜 3 片 | 花椒 5 克

料酒 1 汤匙 | 盐 1/2 茶匙

味极鲜 2 汤匙 | 白糖 1/2 茶匙

偷懒秘籍

使用市售的冷冻虾仁

做法

1 圆白菜洗净，切成丝，入锅热水焯 2 分钟，略微变软后立即捞出。

使用市售的冷冻虾仁

2 虾仁解冻，洗净后沥干备用。

烹饪秘籍

买冷冻虾仁是为了节省时间，免去了剥除虾壳和虾线的麻烦，如果用新鲜的虾来烹制，这道菜会更加鲜美。

3 锅中放油，小火烧至五成热，放入花椒和生姜炒出香味。

4 倒入虾仁，加料酒和盐炒匀。

5 虾仁炒至变色时倒入焯好的圆白菜，快速翻炒。

6 炒至圆白菜变软断生后，加入味极鲜、白糖调味即可。

爽滑弹牙的虾仁躲在翠绿色的圆白菜下。简单的超市小虾仁也是一种海味。直接买冻虾仁免除了挑选和剥皮的麻烦，还不用担心扎到手。

对海的记忆

海蛎滑蛋

40分钟　简单

偷懒秘籍
食材极易处理

主料

海蛎 250 克
鸡蛋 3 个

辅料

食用油 2 汤匙 | 盐 1/2 茶匙
黑胡椒粉 1/2 茶匙 | 地瓜粉 1 茶匙
青蒜叶 2 根

做法

1 将海蛎用清水洗净，挑出杂质，再放入大漏勺中滴水沥干。

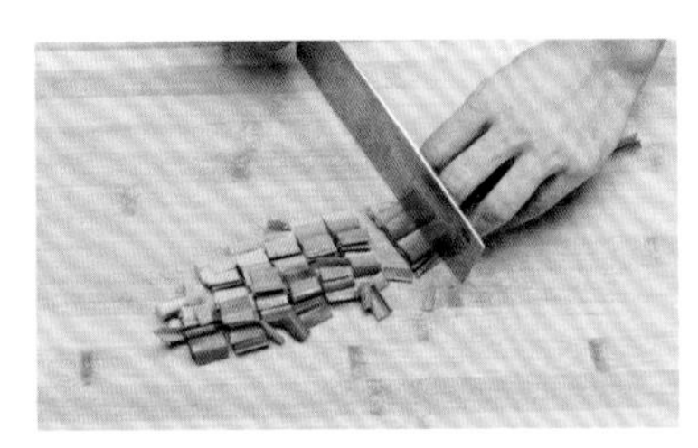

2 青蒜叶洗净，切成小段备用。

3 锅中放 1 汤匙油，烧至七成热时放入海蛎，轻炒至发白时盛出。

食材极易处理

4 鸡蛋打散，加入盐、黑胡椒粉、青蒜叶、地瓜粉和炒过的海蛎搅拌均匀。

5 再次热锅倒油，烧至八成热时，倒入海蛎鸡蛋液，改小火慢煎至两面金黄凝固即可。

烹饪秘籍

1 一定要挑选当天新鲜上市的海蛎，才能保证这道菜的鲜美，如果用冷藏的海蛎，味道会差很多。
2 在清洗海蛎前，先加少许盐来抓匀，清除海蛎表面的脏物后再用清水来洗，能洗得更快更干净。

海蛎，在海里慢慢长大，被捞到陆地上。小小的
海蛎滑蛋里面带着海的记忆，带着淡淡的鲜味，
出现在你的碟子里。

水中花

冬瓜花蛤汤

30分钟　简单

主料

冬瓜200克
花蛤500克

辅料

食用油1茶匙 | 盐1/2茶匙
生姜2片 | 小葱1根

偷懒秘籍
做法简单

做法

1 冬瓜洗净、去皮，切成薄片，生姜切成细丝，小葱洗净、切末备用。

2 花蛤用清水冲洗多次，洗到干净无泥沙。

3 锅中放油，热锅烧至八成热时，加入姜丝煸香。

4 倒入冬瓜翻炒至变软时，加适量冷水，倒入花蛤。

5 待水烧开、花蛤全部打开时，加入小葱末、盐调味即可。

烹饪秘籍

1 花蛤本身已经非常鲜美了，所以这道菜无须再添加鸡精来调味。

2 花蛤如果想保存一天，可以放入碗中，沥干水分，上面盖上保鲜膜，存放在冰箱冷藏柜。

翠色半透明的软糯冬瓜飘在白色的汤水里，花色的贝壳里面有细小微咸的贝舌。好一锅鲜美无比的滋补养颜汤。

酸辣弹牙

酸汤龙利鱼

50分钟　简单

主料

冷冻的龙利鱼柳 500 克

辅料

红辣椒 2 根 | 香菜 20 克

蛋清 1 个

酸汤鱼调料包 1 个

水淀粉 2 汤匙

盐少许

偷懒秘籍

使用市售的酸汤鱼调料包

做法

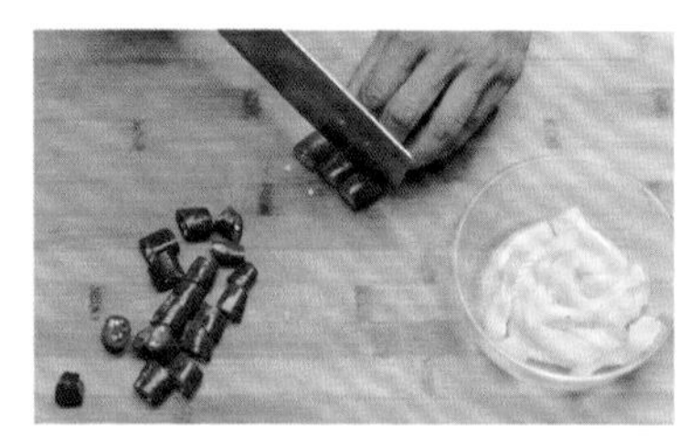

1 龙利鱼柳解冻后切成薄片。红辣椒和香菜洗净，切段备用。

2 依次将盐、蛋清、水淀粉加入龙利鱼，搅拌均匀后腌制 10 分钟以上。

烹饪秘籍

在腌制龙利鱼时，如果能尝试用手来拌匀，煮出来的酸汤鱼会更加筋道而不容易掉淀粉。

使用市售的酸汤鱼调料包

3 锅中加入 600 毫升的清水，烧开后加入酸汤鱼调料包。

4 待水烧开后，加入腌制的龙利鱼片。

5 大约煮 8 分钟，至鱼片发白时加入红辣椒和香菜即可。

家常酸汤鱼，用最简单的食材、最短的时间，做出饭店的味道。鱼柳调料都是现成的，加上调料包煮一煮，你就能得到一道清新爽口、富有营养的酸汤鱼。

皮皮虾，我们走

XO 酱烧皮皮虾

40 分钟　简单

主料

皮皮虾 500 克

辅料

XO 酱 2 汤匙

食用油 1 汤匙

干辣椒 1 个

大蒜 2 个

偷懒秘籍

用市售的 XO 酱

做法

1 用刷子将皮皮虾刷洗干净，用水多洗几次，直到没有脏物。

2 皮皮虾控干水分，干辣椒和大蒜洗净，切段备用。

烹饪秘籍

要挑选有红膏的皮皮虾，这样吃起来更加鲜美。选择上是有技巧的：看皮皮虾的背线颜色，颜色黑的则是有红膏的。

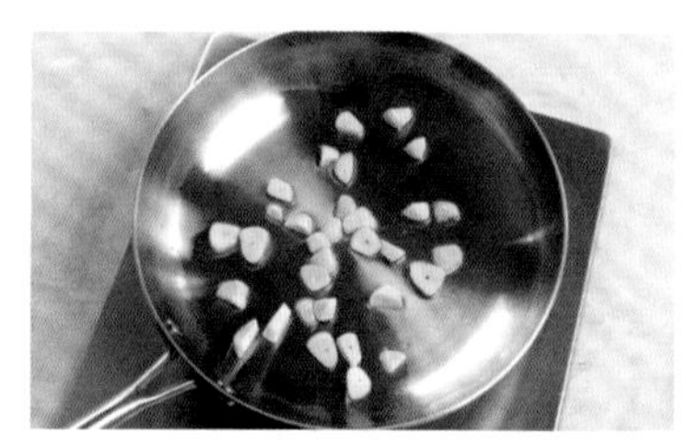

3 锅中放油，热锅烧至八成热时，加入大蒜煸香。

用市售的 XO 酱

4 倒入皮皮虾、XO 酱，翻炒均匀至少许变色时，加入适量水焖烧。

5 待水收汁、皮皮虾完全变色时，加入干辣椒翻炒几下即可出锅。

XO 酱是多种鲜香美味混合制成的“神仙酱料”，海陆两处的顶级食材共同烹制出这道外焦里嫩的皮皮虾，味道一定不会差，就连剥外壳时流出的酱汁也是很美味的。

鲜就一个字

蒜苗炒蛏子

20 分钟　简单

煮好的蛏子肉洁白柔软，被鲜红的辣椒、翠绿的蒜苗簇拥着，极易剥开。淡淡的咸鲜味的蛏子，加上提味的生姜和清香的蒜苗，辅以热烈的红辣椒的刺激，简直是世间美味。

主料

蛏子 500 克 | 蒜苗 300 克

辅料

食用油 1 汤匙 | 生姜 3 片
红辣椒 2 根 | 盐 1 茶匙

烹饪秘籍

市场上的蛏子有两种可供选择，一种是带泥的，可保鲜时间长些，但清洗起来比较麻烦，需要冲洗多遍才能去除泥土以便煮食；另一种是已经洗净泥土的，烹饪前再冲洗几次就可下锅，但保鲜时间短，保存时间不能超过当天。

做法

食材易于处理

1 蛏子泡盐水后冲洗干净备用。蒜苗择洗干净，切成 5 厘米左右的段备用。

2 生姜和红辣椒洗净，切丝备用。

3 热锅倒入食用油，倒入生姜、红辣椒炒出香味后，倒入蛏子迅速翻炒。

4 炒至蛏子变色时，倒入蒜苗继续炒匀至完全变软。

5 加入盐调味即可。

弹牙到想不到

黄瓜木耳拌海蜇

15分钟　简单

泡好的海蜇焯完就可以食用。翠色黄瓜水灵灵的，整整齐齐；木耳像一朵朵小花，绽放其中；海蜇晶莹剔透，仿佛春天的露珠。

主料

黄瓜1根 | 泡发木耳100克

市售即食海蜇丝1袋（约150克，内含调料包）

辅料

盐3克 | 米醋1汤匙 | 蒜末3克

生抽1汤匙 | 香油1茶匙

烹饪秘籍

这菜道中因为即食海蜇丝已有的调料包可加以利用，所以只需要再增加少许盐、生抽、米醋等调料，整道菜就能有比较好的口感。

做法

1 木耳洗净，切成小朵备用，黄瓜洗净、切丝。

2 锅中加清水烧开，放入木耳焯约2分钟，捞出沥干备用。

使用市售的袋装海蜇丝

3 海蜇丝开袋，与黄瓜丝、焯过的木耳全部装入容器里拌匀。

4 再加入调料包、盐、米醋、蒜末、生抽、香油拌匀至入味即可。

脆脆的万能小菜

海带小米椒拌豆芽

30 分钟 简单

偷懒秘籍
做法简单

主料

海带丝 150 克
豆芽 150 克

辅料

生抽 1 汤匙 | 盐 3 克 | 白糖 1 茶匙
醋 1 汤匙 | 蒜末 5 克 | 生姜丝 3 克
葱段 3 克 | 小米椒 2 个 | 食用油 1 汤匙

做法

1 海带丝泡水，冲洗多次后备用；绿豆芽洗净备用。

2 热锅烧开水，依次将海带丝和绿豆芽各焯水 2 分钟，捞出沥干备用。

3 热锅放油，烧至八成热时，放入姜丝、葱段、蒜末、切段的小米椒，煸香后关火待用。

4 取一大容器，将海带丝和豆芽放入，连着热油倒入煸好的姜丝、葱段、蒜末、小米椒。

5 再放入生抽、醋、白糖、盐，并拌匀所有材料即可。

烹饪秘籍

在焯烫海带丝和豆芽时，如果在热水中添加一小勺醋，能很好地去除腥味。

在市场顺手买一些海带丝，便可以做一道清新爽口的家常小菜，清口微辣，伴着无聊的油腻外卖一起吃，也很有食欲。

水分十足，脆脆脆

彩椒脆炒空心菜

20分钟　简单

主料

空心菜 500 克

红柿子椒 1 个

辅料

食用油 1 汤匙 | 盐 1 茶匙

白糖 1/2 茶匙 | 蒜末 3 克

鸡精 1 克

偷懒秘籍

做法简单

做法

1 空心菜择洗干净，切成 5 厘米的长条。

2 柿子椒除蒂去子，洗净后切成小块备用。

3 锅中加水烧开，加入少许盐和少许食用油，倒入空心菜，焯半分钟后捞出沥干。

4 锅中倒入食用油，烧至八成热时，加入蒜末煸香。

5 倒入柿子椒快速炒匀。

6 炒至柿子椒变软至八分熟时，倒入焯过的空心菜，快炒 1 分钟。

7 加入盐、白糖、鸡精调味后，即可装盘。

烹饪秘籍

由于空心菜的表面会残余较多的农药，因此清洗前需要多浸泡些时间，最好能提前 1 小时开始泡洗，如果能加入淘米水，可以稀释农药的含量。

想吃辣椒又害怕辣的，可以选择五彩缤纷的彩椒，水分十足，营养也不差，咬起来脆脆的。空心菜也脆生生的，还增加了柔韧的口感。

荷塘月色

素炒藕片

20分钟　简单

主料

净菜藕片 300 克
青尖椒 1 个
胡萝卜半根

辅料

食用油 2 汤匙 | 盐 2 克
生抽 3 克 | 陈醋 1 汤匙
蒜末 3 克 | 白糖 1 茶匙

偷懒秘籍

使用市售的处理好的藕片

做法

使用市售处理好的藕片

1 将净菜藕片清洗干净。青椒洗净，去蒂、去子、切圈。胡萝卜洗净、去皮，切薄片备用。

2 锅中加水烧开，加入藕片煮 1 分钟后捞出，沥干备用。

3 热锅倒入食用油，烧至六成热时，倒入蒜末煸香。

4 再加入青椒和胡萝卜煸炒至变软时，加入盐调味。

5 放入藕片，大火翻炒至变软熟透时，加入生抽、白糖、陈醋炒匀即可。

烹饪秘籍

如果买不到净菜藕片，也可以使用新鲜莲藕，切片后最好把它浸泡在加了醋的水中以防变黑。挑选莲藕时，可以选择带有泥土的，那样保存几天都不会坏。

藕带着夏日荷花的清香，吸收了日月精华，在淤泥中慢慢长大。洁白的藕被洗好、切片、包装，静静躺在柜台上。你要不要独享这夏日的一池湖光月色。

补钙利器

虾米炒芥菜

20分钟　简单

主料

芥菜 500 克

辅料

虾米 100 克 | 食用油 2 汤匙

盐 2 克 | 蒜末 4 克

偷懒秘籍

食材容易处理

做法

食材容易处理

1 芥菜清洗干净，切成4厘米的段。

2 热锅倒入食用油，烧至六成热时，倒入蒜末煸香。

3 倒入芥菜改大火翻炒均匀，需要留意不要干锅，可以加点水。

4 炒至芥菜变软快熟时，加入虾米搅散开来。

5 最后加入盐调味即可。

烹饪秘籍

要想炒出的芥菜翠绿漂亮，可以在炒前把菜放在盐水中浸泡10分钟，在炒的过程中，不盖锅盖也能使炒出的菜更加翠绿。

绿油油的芥菜清新爽口，星星点点的虾米点缀其间。这道菜清淡营养不油腻，这是大部分的外卖都做不到的。

酥脆与清爽

佛手瓜炒油条

30分钟 简单

主料

佛手瓜2个

油条1根

辅料

食用油2汤匙 | 盐2克

味极鲜3克 | 蒜末3克

白糖1/2茶匙 | 红辣椒1根

偷懒秘籍

油条可以买市售的，佛手瓜容易处理

做法

佛手瓜容易处理

1 佛手瓜去皮，切成细长条，洗净备用。红辣椒洗净，切小块备用。

油条可以买市售的

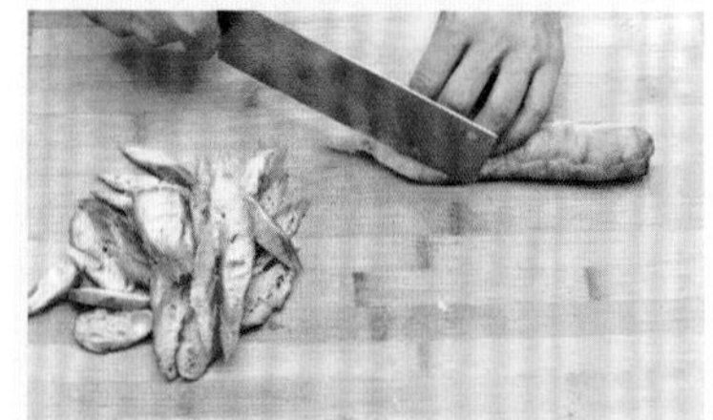

2 油条切成和佛手瓜同样长度的小段备用。

3 锅中加水，煮沸后加少许盐和食用油，倒入佛手瓜焯烫2分钟后沥干。

4 热锅倒入剩余食用油，烧至六成热时，倒入蒜末煸香。

5 接着倒入佛手瓜和红椒辣块，加入剩余盐、白糖，翻炒至佛手瓜全熟。

6 加入油条翻炒变软后，淋入少许味极鲜，炒匀即可。

烹饪秘籍

油条如果在炒前用少许油煎炒片刻，这道菜会更加美味。另外，味极鲜里本身已含有盐分，所以只需加少许盐就可以，否则会太咸。

小小的佛手瓜加上早餐剩的半截油条也可以做成一道小炒。清爽的佛手瓜搭配香喷喷的酥脆油条，性格迥异的食材也能造就一道美味。

鲜嫩脆滑

双椒炒白玉菇

20分钟　简单

主料

青辣椒1根
红辣椒1根
白玉菇500克

辅料

食用油2汤匙 | 盐2克
蚝油1茶匙 | 蒜末3克

偷懒秘籍
食材
易于处理

做法

1 白玉菇去蒂，去掉杂质，将每根分离，泡水洗净后备用。

食材易于处理

2 青辣椒和红辣椒洗净，切成细丝备用。

3 锅中烧水，水开后放入白玉菇焯烫1分钟，捞出沥干。

4 热锅倒入食用油，烧至六成热时，倒入蒜末炒香。

5 倒入青红辣椒翻炒至变软出味时，加入焯过的白玉菇。

6 炒至白玉菇完全变软时，依次加入盐、蚝油调匀即可。

烹饪秘籍

1 白玉菇属菌菇类，这类食材在炒前焯烫，一是可以去除本身的腥味，二来可以分解草酸，提高营养价值。

2 菌类食材在烹饪时一定要完全煮熟，否则会产生毒性物质而引起身体不适。

脆嫩鲜滑的白玉菇像冬雪一样洁白无瑕；青辣椒绿油油的，带着春天的气息；红辣椒是热烈的火焰，是夏天的太阳。

这是简单至极的一道菜，几分钟就可以搞定。绿色柔嫩的生菜还保持着一些爽脆的原貌，蚝油蒜末的酱汁像一床珍珠镶嵌的小被子盖在上面。

脆香入味

蚝油生菜

20分钟　简单

主料

生菜500克

辅料

食用油2汤匙 | 盐2克 | 生抽3克
蚝油2汤匙 | 蒜末3克 | 水淀粉2茶匙

烹饪秘籍

这道菜里，生菜的焯烫是关键的一个步骤，如果焯水太久，菜叶发黄发黑，既影响了这道菜的外观，也会使味道大打折扣。最好的做法是烫1分钟左右，看锅里的生菜四周有很多细小泡沫时，马上捞出，这样就能保证生菜的翠绿外观。

做法

1 生菜择洗干净备用。锅里加水，水位以能完全没过生菜为佳。

2 水沸腾后滴入少许食用油，加少许盐，再倒入生菜焯水。

3 约2分钟，待生菜周围出现细小水泡时，马上捞出，沥干后装在一个盘子里。在焯烫过程中不能盖锅。

4 锅烧热，倒入剩余食用油，加蒜末煸香，加入适量清水、蚝油、生抽、水淀粉均匀调开。注意要用勺子不断搅拌油锅，以使各种调料迅速溶化。

5 将调好的汁均匀地淋在生菜上即可。

2 Chapter 宴客菜

米饭杀手

腐乳爆里脊

20分钟 简单

主料

猪里脊肉500克

辅料

红腐乳30克 | 食用油2汤匙

鸡蛋清1个 | 盐2克

白糖2茶匙 | 料酒2汤匙

大葱1根 | 水淀粉2茶匙

偷懒秘籍

食材预处理简单

做法

1 里脊肉洗净，切成薄片。大葱洗净，切成3厘米的段备用。

食材预处理简单

2 取一个鸡蛋磕开，分离出鸡蛋清盛在碗里备用。

3 把切好的里脊肉放进盛有蛋清的碗里，加入盐，用手抓匀。

4 取出红腐乳及红汁，装在另一个碗里，用勺子压碎。

5 在腐乳汁中加入少许水、白糖、料酒及水淀粉调匀。

6 锅中倒油，用小火把大葱炒香，倒入里脊肉，转大火翻炒均匀。

7 炒至里脊肉片发白时，倒入调好的腐乳汁翻炒几下，收汁后即可出锅。

烹饪秘籍

腐乳有两种，一种是白腐乳，还有一种是玫瑰腐乳，烹制这道菜时，选用玫瑰腐乳烹制，才能使食材更加入味。

肉食主义者不可一日无肉，又不想劳心费神弄什么排骨炖肉等复杂的菜式。买块里脊，做个小炒，也是别有一番滋味，又能多吃半碗饭。

高效主义

烤箱版叉烧肉

1 小时 10 分钟（不含腌制时间） 简单

偷懒秘籍
无须看管
+
市售的叉烧酱

主料

梅花肉 500 克

辅料

叉烧酱 100 克
红烧酱油 3 匙 | 米酒 3 匙
生姜片 20 克 | 蒜片 3 瓣
葱段 3 克 | 蜂蜜 2 汤匙

做法

1 梅花肉洗净，切成 3 厘米厚的块状备用。

使用市售的叉烧酱

2 将叉烧酱、红烧酱油、米酒、生姜片、蒜片、葱段调匀，调成腌汁。

3 把梅花肉加入腌汁中完全浸透，戴上一次性手套抓匀，腌制 2 小时。

4 将梅花肉放在烤架上，放入烤箱中层，接油盘放底层，两面刷上蜂蜜，180℃烤 20 分钟。

烤制过程无须看管

5 将梅花肉从烤箱中取出，翻面，涂上蜂蜜，同样用 180℃再烤 20 分钟。

6 时间到后取出，晾凉即可装盘。

烹饪秘籍

1 梅花肉的口感香嫩不油腻，尤其适于烤制，当然选用五花肉也可以，但口感不如梅花肉。

2 烤制时间会由于烤箱的不同而需要适度调整，以上时间只是个参考时间。

忙碌的生活让我们很难花很长时间去烹饪一顿饭，总想着在做家务的间隙时间做好饭该多好。可以准备好食材放入烤箱，去忙个文件或者擦个地。叮，美味出炉。

海陆会面

丁香鱼烧五花肉

1小时 中等

主料

五花肉 300 克

丁香鱼干 80 克

辅料

食用油 2 汤匙 | 姜丝 3 克 | 葱段 3 克

蒜末 3 克 | 红烧酱油 3 汤匙 | 料酒 2 汤匙

白糖 2 茶匙 | 红辣椒段 6 克

偷懒秘籍

用电饭锅无须看锅

做法

1 丁香鱼干用清水泡15分钟后沥干，五花肉洗净后切成3厘米左右的方块。

用电饭锅无须看锅

2 电饭锅按“煮饭”键，待锅体开始冒热气时，倒入食用油，放入姜丝、葱段、蒜末爆香。

3 接着倒入五花肉、红烧酱油不断翻炒， 在锅中加入清水以防干锅，水量以没过五花肉为佳。

4 煮至五花肉八成熟时，加入丁香鱼干、料酒、白糖、红辣椒段，继续焖煮。

5 煮至肉汁收汁时即可装盘。

烹饪秘籍

因丁香鱼干已含有较多盐分，所以在调味时可减少盐的量。提前泡发丁香鱼干，既能改善原先干硬的口感，也降低了丁香鱼的含盐量。

小小的、像丁香花一样的小鱼干带着浓厚的鲜味，是猫咪和你的最爱。可有人偏爱五花肉，偶尔一次意外，造就了这次鱼和肉的相遇。

一锅惊喜

豇豆胡萝卜焖肋排

1 小时 10 分钟　简单

偷懒秘籍
用电压力锅
无须看锅

主料

猪肋排 500 克
胡萝卜 1 根
豇豆 100 克

辅料

红烧酱油 3 汤匙 | 盐 2 克
料酒 2 汤匙 | 八角 2 克
干辣椒段 5 克

做法

1 猪肋排用水洗净后切成 3 厘米长的段，锅中加水，倒入肋排，焯烫 2 分钟后捞出洗净。

2 豇豆洗净后切成 5 厘米的段，胡萝卜洗净后去皮，切成滚刀块。

3 将肋排、豇豆、胡萝卜放入电压力锅内胆。

4 加入清水、盐、红烧酱油、料酒、八角、干辣椒段，水量需没过所有食材。

用电压力锅无须看锅

5 选择电压力锅的“排骨”程序，待排汽后即可盛出。

烹饪秘籍

猪肋排清洗后可以放在水中泡除血水，中途换几次水，这样会减少猪肋排的血腥味，煮起来也会更加入味。

这道菜是家常做的一顶仨的“硬菜”，闻着香味，
打开电压力锅的盖子，立刻给你一个大惊喜。

藕断丝连

莲藕烧鸡肉

1 小时　简单

主料

市售切好的莲藕片 200 克

市售切好的鸡块 800 克

枸杞子 5 克

辅料

食用油 1 汤匙 | 盐 1 茶匙

红烧酱油 2 汤匙 | 米酒 2 汤匙

葱段 20 克 | 姜丝 20 克

偷懒秘籍

用市售切块的莲藕和半成品鸡肉

做法

用市售切块的莲藕和半成品鸡肉

1 将鸡肉、莲藕洗净，枸杞子用水泡发备用。

2 锅中加水，加入鸡肉，待水沸腾后焯烫 2 分钟，捞出洗净备用。

3 锅烧热，倒入食用油，加入葱段、姜丝小火煸炒，接着倒入鸡肉和莲藕炒匀。

烹饪秘籍

莲藕洗好，可以泡在盐水或是醋水中，保持洁白不发黑。

4 加入盐和红烧酱油继续翻炒。

5 加入米酒以及没过鸡肉的水焖煮。

6 煮至汤快收汁时，加入泡发好的枸杞子再煮 5 分钟。

7 烧至汤汁快收干时即可出锅。

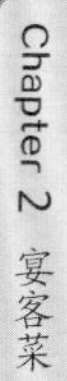

莲藕、鸡肉都是现成的，买回来洗洗就可以炒了。鸡肉纤维紧实，嚼起来很香，莲藕脆生生的，沾染了鸡肉的味道，清爽解腻。

香软酥糯

板栗乌鸡汤

1小时20分钟　简单

偷懒秘籍

用市售的板栗仁
+
超市处理好的乌鸡块

主料

- 市售切好的乌鸡1只
- 市售板栗仁300克
- 红枣15颗

辅料

- 盐1茶匙
- 姜丝3克

做法

用超市处理好的乌鸡块

1 将乌鸡肉洗净，冷水入锅，焯烫2分钟后捞出冲净。

用市售的板栗仁

2 板栗仁和红枣洗净备用。

3 电饭锅中放入乌鸡肉、板栗仁、姜丝，注入冷水，水位高过鸡肉8厘米左右。

4 按下“煲汤”键，煲半小时后加入红枣。

5 待电饭锅开关键自动跳起时，加入盐调味即可。

烹饪秘籍

1 如果买不到板栗仁，也可以自己剥板栗。在刚烧开的水中加入少许盐，把生板栗放在盐水中浸泡5分钟后，再用剪刀剪开，就能去壳了。

2 这道菜除了用电饭锅，也能用电炖锅来煲，但电炖锅烹制的时间会长很多。

板栗仁香、软、酥、糯，给人满满的幸福感，乌鸡煲出的奶白色汤水浓厚醇香，浸入板栗里面，更添温暖气息。

芋仔和鸡柳的大小颜色差不多，傻傻分不清楚。只等一筷入口，焖熟的芋仔绵软可口，柳叶一般的鸡肉柔软而有嚼劲，口感分明。

傻傻分不清楚

芋仔鸡柳

50分钟　简单

主料

鸡柳500克

去皮芋仔300克

辅料

红辣椒1个 | 姜丝3克 | 香菜5克
葱段5克 | 生抽1汤匙 | 盐2克
料酒2汤匙 | 食用油2汤匙

烹饪秘籍

这道菜里的鸡柳也能用鸡腿或是整鸡来代替。需要注意的是，鸡肉的大小需要和芋头大小相匹配，这样在烹制时才能同一时间熟透。

做法

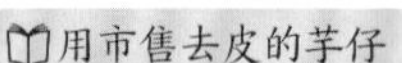

1 将鸡柳洗净，切成薄片；芋仔洗净，对半切开备用。

2 锅烧热，倒入食用油，加入葱段、姜丝、红辣椒，用小火煸炒，接着倒入鸡柳炒匀。

3 倒入水，以没过鸡柳为佳，再加入盐、生抽、料酒翻炒。

4 煮10分钟后加入芋头焖煮。

5 待芋头软熟时，加入香菜点缀即可。

冬日暖心汤

无花果老鸭汤

50分钟　简单

主料

切块的老鸭半只
无花果15个
枸杞子20克

辅料

姜片5克
盐3克
鸡精2克

烹饪秘籍

无花果的果实有黄色和青色两种，拿来煲汤的首选青果。无花果如果不好买，可以用火龙果或菠萝来代替。

做法

1 将老鸭洗净，冷水下锅，待水开后焯烫3分钟，捞出，用凉水冲洗干净。

2 无花果、枸杞子清洗干净备用。

用压力锅无须看锅

3 压力锅中加入三分之二的冷水，放入老鸭和姜片。待锅开始排汽时，继续煮15分钟。

4 待压力锅排完汽后，打开锅盖，加入无花果和枸杞子，再煮5分钟。

5 加入盐和鸡精调味即可。

紧实耐嚼

爆炒鸭胗

30 分钟　简单

主料

鸭胗 300 克
青辣椒 1 个
红辣椒 1 个

辅料

食用油 2 汤匙 | 盐 2 克
郫县豆瓣酱 1 汤匙
生抽 1 汤匙 | 白糖 1 茶匙
蒜末 3 克 | 姜丝 3 克 | 淀粉 1/2 茶匙

偷懒秘籍

用市售的郫县豆瓣酱

做法

1 鸭胗洗净，沸水下锅后焯烫 1 分钟，马上捞出。

2 将鸭胗洗净，切成薄片；青辣椒和红辣椒分别洗净，切段备用。

3 锅烧热，倒入食用油，加入蒜末、姜丝，用小火煸炒出香味。

用市售的郫县豆瓣酱

4 倒入豆瓣酱用大火炒匀。

5 加入鸭胗，用大火快炒至发白变色。

6 倒入青辣椒和红辣椒翻炒，再加入盐、生抽、白糖调味。

7 最后将淀粉加 30 毫升清水调匀，倒入锅中，翻炒几下即可。

烹饪秘籍

在清洗鸭胗时，可以用盐和水淀粉抓洗的方法来清洗，这样可以清除鸭胗上的沙子。

吃腻了肉，想起好久之前吃的微辣烧鸭胗，在家也可以模仿着做一个。鸭胗[illegible]，脆脆的，还没有油腻的感觉，加上微辣的辣椒刺激着味蕾，好美味。

大大的满足感

酱鸭腿

1小时20分钟　中等

偷懒秘籍
使用电饭锅
无须看锅

主料

鸭腿2个

辅料

姜片10克 | 蒜片10克 | 大葱段10克
盐1茶匙 | 甜面酱1汤匙
五香粉1/2茶匙 | 食用油2汤匙

做法

1 鸭腿用清水洗净几次备用。

2 锅中加冷水，待水烧开后将鸭腿焯2分钟，捞出洗净。

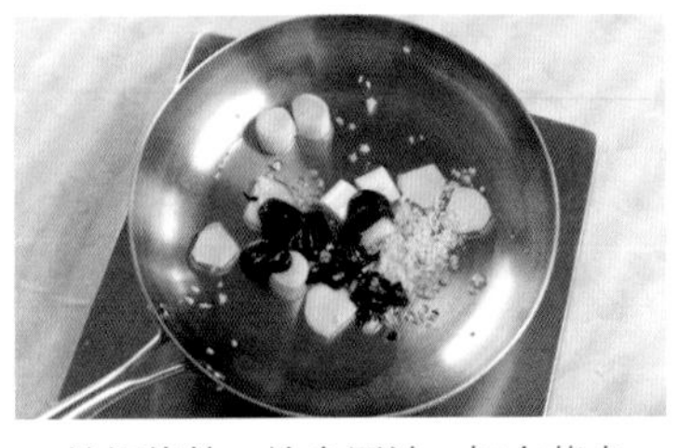

3 炒锅烧热，放食用油，加入蒜末、姜片、葱段、甜面酱，用小火煸炒出香味。

4 将焯过的鸭腿两面煎至金黄色，加水没过食材。

使用电饭锅无须看锅

5 将鸭腿从炒锅移入电饭锅中，按下“煮饭”键。

6 煮至收汁时，加入五香粉和盐调匀即可。

烹饪秘籍

这道菜用电饭锅来焖煮是比较省事的，既不会干锅，又能使鸭腿肉的酱香味更加浓郁。如果不习惯用电饭锅，用一般的炒锅或是电砂锅也是可以的。

加个鸭腿，是盒饭里面最大的奖赏。简单处理的鸭腿可以给寡淡的生活带来不少快乐，就连无味的肥宅泡面也可以变成一顿佳肴。

舌尖上的盛宴

杏鲍菇炒牛柳

30 分钟　简单

主料

杏鲍菇 200 克

腌制的半成品牛柳 300 克

彩椒 1 个

辅料

食用油 1 汤匙 | 生抽 1 汤匙

白糖 1/2 茶匙 | 黑胡椒粉 3 克

盐 2 克

烹饪秘籍

清洗杏鲍菇时，最好用盐水浸泡一会儿再洗，这样能更好地清除菇上的脏物。

做法

1 杏鲍菇洗净，切成和牛柳同样长度的细条状；彩椒除蒂、去子，洗净后切成细条备用。

2 锅烧热，倒入食用油，放入杏鲍菇，加少许盐，煸炒 2 分钟至两面金黄时盛出。

使用超市的半成品腌制牛柳

3 炒过杏鲍菇的油留在锅中，下入牛柳和彩椒。

4 大火快炒至牛柳变色时，加入炒过的杏鲍菇持续翻炒。

5 加入盐、白糖、生抽、黑胡椒粉，炒匀即可。

软软好滋味
肥牛烧茄子

30 分钟　简单

二者都是经典下饭王者。初次见面，软乎乎的茄子和肥牛卷在锅里咕噜咕噜，熟了的时候，茄子浸入了肥牛的香气，肥牛也炖得软软的。

主料

冷冻肥牛肉片 300 克

茄子 1 根 | 青椒 1 个

辅料

食用油 1 汤匙 | 盐 2 克

白糖 1/2 茶匙 | 豆瓣酱 1 汤匙

酱油 1 汤匙

烹饪秘籍

这道菜里用到的主材料是冷冻的牛肉片，由于牛肉片切得非常薄，所以很快就会熟，如果换成熟的牛肉来煮这道菜，也是一样的美味、快速。

做法

用市售的牛肉片

1 将冷冻肥牛肉片从冰箱取出化冻，茄子和青椒洗净，切成 6 厘米左右的长条备用。

2 锅烧热，倒入食用油，放入茄子和青椒大火翻炒均匀。

3 炒至茄子和青椒变软时，加入肥牛片继续翻炒。

4 最后加入盐、豆瓣酱、酱油、白糖炒匀即可。

香滑鲜嫩

蚝油牛肉

40分钟　简单

主料

牛肉 300 克
彩椒 1 个

辅料

食用油 2 汤匙 | 蚝油 2 汤匙
盐 3 克 | 生抽 5 克 | 姜丝 3 克
白糖 1/2 茶匙 | 淀粉 1 茶匙

偷懒秘籍
做法简单

做法

1 牛肉洗净，逆纹切片。彩椒洗净，切片备用。

2 牛肉中加入淀粉、白糖、生抽、少许食用油，用少许清水调匀后腌制 20 分钟。

3 热锅注入 1 汤匙食用油，烧至九成热时，倒入彩椒和盐，用大火翻炒。

4 炒至彩椒变软时盛出备用。

5 另起锅，倒入剩余食用油，锅烧至冒烟时，倒入姜丝爆香。

6 再倒入牛肉大火翻炒。

7 炒至牛肉完全变色时，倒入炒过的彩椒，加入蚝油炒匀即可。

烹饪秘籍

牛肉与其他配菜一起炒时，最好是先炒配菜最后炒牛肉，这样牛肉的口感才会嫩而不柴。腌制牛肉时不加盐，也是炒牛肉的一个小窍门。蚝油不要太早加，要选择起锅前加入。

香滑鲜嫩的牛肉被柔软的彩椒簇拥着，被包裹在鲜香的棕褐色蚝油酱汁中，泛着诱人的光泽。无论是拌饭、盖饭还是就馒头，都是很搭配的一道菜。

浓香典范

沙茶羊肉

30 分钟　简单

主料

市售羊肉片 200 克
青蒜叶 10 克

辅料

食用油 1 汤匙
沙茶酱 2 汤匙
生抽 1 汤匙 | 米酒 1 汤匙
蒜末 10 克 | 干辣椒段 5 克
水淀粉 2 汤匙

烹饪秘籍

炒羊肉前，加入调料提前腌制入味，既能较好去掉羊肉的膻味，也能使羊肉的口感更佳。

做法

1 青蒜叶洗净、切小段备用。

用市售的羊肉片

2 羊肉片加入生抽、米酒、水淀粉抓匀备用。

3 锅里放入适量食用油烧热，倒入蒜末和辣椒段，用小火煸出香味。

4 倒入羊肉片大火翻炒。

用沙茶酱

5 炒至羊肉变色时，加入沙茶酱和青蒜叶炒匀即可。

记忆中的片段

干煎带鱼

40分钟　简单

干炸带鱼和干炸肉丸子是小时候的新年特色美食，小孩子们抢着吃，慢了就没有了，吃着格外酥脆嫩香。

偷懒秘籍
做法简单

主料

切段的带鱼500克

辅料

食用油4汤匙 | 盐1茶匙
胡椒粉1茶匙 | 香菜少许

烹饪秘籍

用来干煎的带鱼越新鲜越好。市面上还有一种带鱼是加了盐的，那种用来煎时则无须再加盐。

做法

1 将切段的带鱼洗净后沥干备用。

2 带鱼中加入盐、胡椒粉拌匀，腌制15分钟。

3 不粘锅冷锅倒入食用油，烧至八成热时，用筷子一块块地往锅中放入带鱼。

4 用中火煎约1分钟至带鱼皮为黄色时，翻一面继续煎。

5 煎至两面均为金黄色时盛出，摆盘时用香菜装饰即可。

爽辣鲜香

剁椒鱼头

50 分钟 简单

主料

鲢鱼头 1 个

辅料

食用油 4 汤匙 | 盐 1 茶匙

生姜片 6 克 | 葱花 8 克 | 葱段 4 克

剁椒 80 克

生抽 1 汤匙 | 蒸鱼豉油 2 汤匙

料酒 2 汤匙

偷懒秘籍

用市售的剁椒

做法

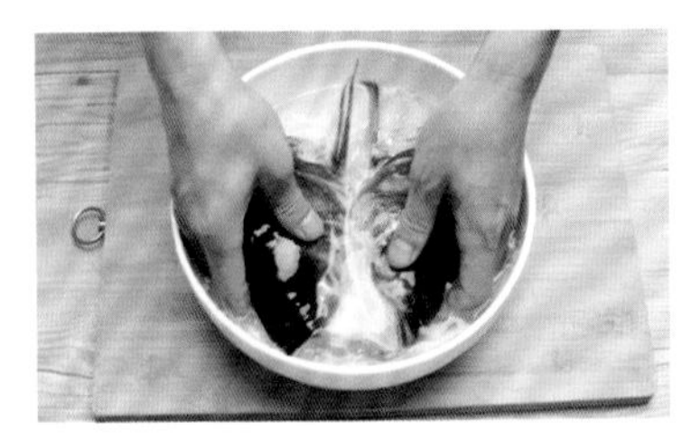

1 鲢鱼头从鱼唇处切成相连的两半，去掉黑膜，洗净备用。

2 将盐和料酒抹在鱼头的两面，腌制 10 分钟。

3 取一盘子，底部铺生姜片和葱段。

用市售的剁椒

4 放入腌制好的鲢鱼头，将剁椒均匀抹在鱼头的两面，再淋入生抽和蒸鱼豉油。

5 锅中放水烧开后，放入鱼头蒸 15 分钟，取出撒上葱花。

6 另起一炒锅，放入食用油，烧热后淋在葱花上即可。

烹饪秘籍

鱼头自己处理起来比较费时间，最好在购买时让店家切成两半，这样只需要去掉黑膜、清洗好就可以直接烹制。

鲜红发亮的剁椒满满地铺在鱼头上，浓厚的辛辣味刺激着大脑神经，鱼的鲜美挑逗着味蕾。一筷子下去，肥嫩的鱼肉软糯可口，带着少许辣味，鲜美无比。

三文鱼也可以这样吃

照烧三文鱼

40分钟　简单

偷懒秘籍

用市售的照烧汁

主料

三文鱼300克

圣女果5个

辅料

橄榄油1汤匙

盐2克

照烧汁3汤匙

黑胡椒粉1茶匙

做法

1 将三文鱼片两面清洗干净，用厨房纸巾擦干水分。圣女果洗净，切半备用。

2 在三文鱼片上均匀抹上盐和黑胡椒粉，腌制15分钟以上。

3 取一小碗，倒入照烧汁及少许清水调匀。

4 不粘锅倒入橄榄油，烧至六成热时，放入三文鱼用小火煎。

用市售的照烧汁

5 煎至两面为金黄色时，倒入调好的照烧汁，烧至收汁时装盘。

6 在盘子上撒上切半的圣女果装饰即可。

烹饪秘籍

煎制三文鱼的首选锅具是平底的不粘锅，如果买不到照烧汁，也可以按2汤匙生抽+2汤匙蚝油+2汤匙料酒+1汤匙蜂蜜的比例自行调制。

不习惯吃生食的我，又舍不得三文鱼这个美味而富含营养的“小妖精”。加上照烧汁的三文鱼褪去了鲜红色，穿上了暗红镶金边的小裙子。

夏日莲花

红烧黄花鱼

50分钟 简单

主料

宰杀好的黄花鱼1条（约400克）

辅料

食用油50毫升 | 盐3克 | 生姜块1小块
姜丝3克 | 葱段5克 | 蒜末5克
面粉2茶匙 | 红烧酱油2汤匙
料酒2汤匙 | 白糖1茶匙 | 香菜少许

偷懒秘籍
做法简单

做法

1 将超市处理好的黄花鱼的鱼鳞刮净，内脏冲洗干净后用厨用纸巾擦干。

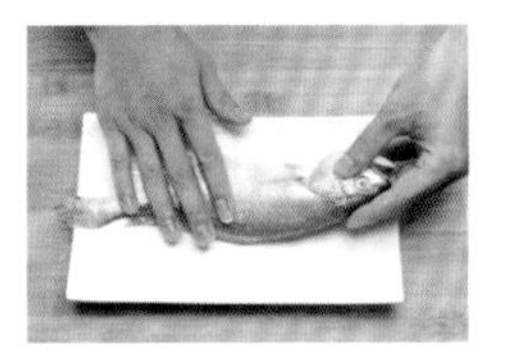

2 在黄花鱼表面抹上盐，腌制15分钟以上。

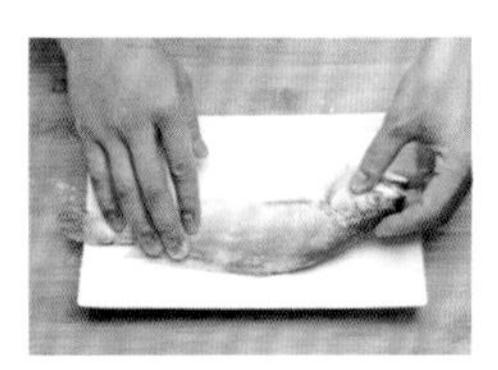

3 黄花鱼腌制好后在鱼身两面裹上薄薄的一层面粉。

烹饪秘籍

煎鱼时不破皮的小要点：一是持续开小火；二是在油入锅前，先用生姜块快速擦几下锅；三是鱼一定要擦干再入锅煎，不能带有水分。

4 热锅烧至七成热时，先用生姜块快速擦几下锅，再倒入食用油。

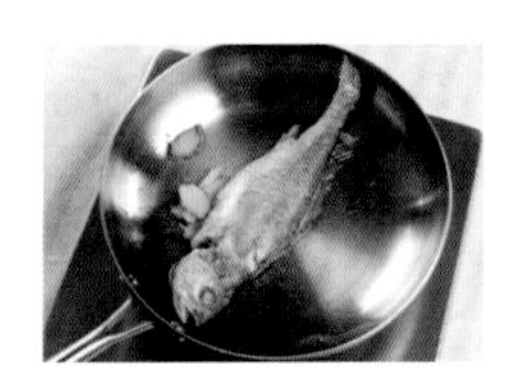

5 待锅开始冒烟时，黄花鱼入锅中煎至两面金黄。

6 锅中倒入开水没过黄花鱼，加入姜丝、葱段、蒜末、红烧酱油、白糖、料酒焖煮。

7 煮至黄花鱼熟透且收汁时，放上香菜点缀，即可装盘。

黄花鱼腹部有淡淡的黄色泛在鱼鳞之上，犹如朵朵黄花。黄花鱼拥有细腻的"蒜瓣肉"，烧熟去皮，用筷子拨开，肉像蒜瓣，也像莲花的花瓣。

纯白的梦

鲫鱼萝卜汤

1小时 简单

主料

宰杀好的鲫鱼1条（约500克）

白萝卜200克 | 枸杞子5克

辅料

食用油3汤匙 | 料酒1汤匙

盐3克 | 姜片3片

葱段4克 | 胡椒粉3克

偷懒秘籍

食材预处理简单

做法

食材预处理简单

1 将宰杀好的鲫鱼刮净鱼鳞，完全撕掉鱼肚内的黑膜以去除鱼腥味。

食材预处理简单

2 白萝卜洗净，切成小块的滚刀块。

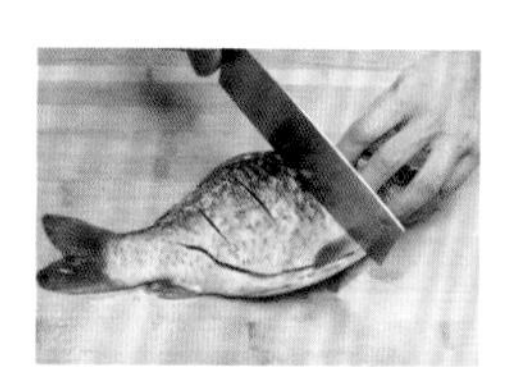

3 鲫鱼清洗干净后在鱼表面斜切三刀，可以更好地入味。

4 油锅烧热，倒入食用油，放入鲫鱼用小火煎至两面金黄。

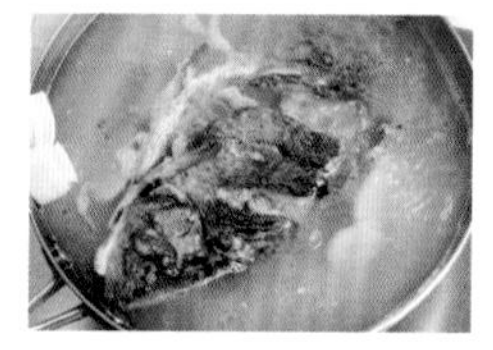

5 倒入开水没过鲫鱼，加入料酒、姜片，用大火煮开。

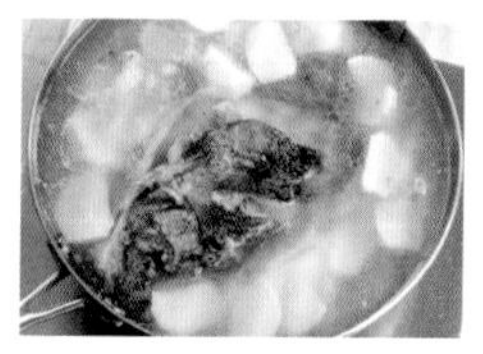

6 加入白萝卜继续煮。

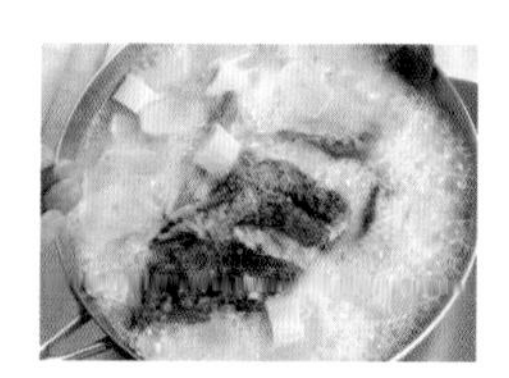

7 煮至白萝卜透明变软且鱼汤变白时，加入葱段和枸杞子煮开。

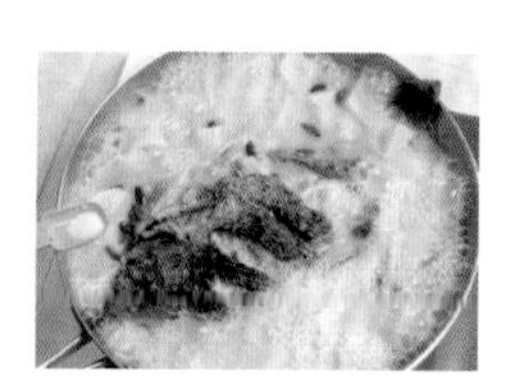

8 最后加入盐和胡椒粉调味即可。

烹饪秘籍

要想煮出奶白色的鱼汤，一是要先煎好鱼再放水，二是在煎好鱼后一定要加入开水，而且水量要一次加足。这样煮出的鱼汤既好看，味道也十分鲜美。

奶白色的鱼汤在锅里面欢快地冒着泡，咕噜咕噜，白玉萝卜在其中上下翻飞。懒人也可以喝到鲜美的鱼汤，买鱼的时候要记得让商家帮忙处理好。

红鲤鱼与鱼

醋烧鲤鱼

50分钟　简单

主料

宰杀好的鲤鱼1条（约500克）

辅料

食用油30毫升 | 盐3克 | 姜丝3克
葱段4克 | 辣椒段4克 | 料酒2汤匙
白糖1茶匙 | 陈醋3汤匙
味极鲜酱油3汤匙 | 面粉2茶匙

偷懒秘籍

食材
预处理简单

做法

食材预处理简单

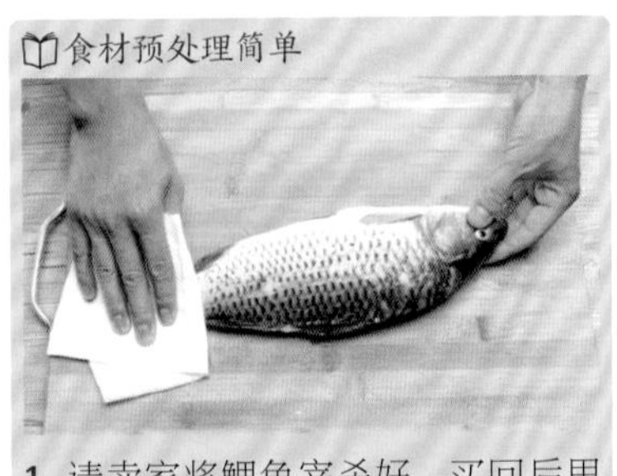

1 请卖家将鲤鱼宰杀好，买回后里外洗净并擦干水分。

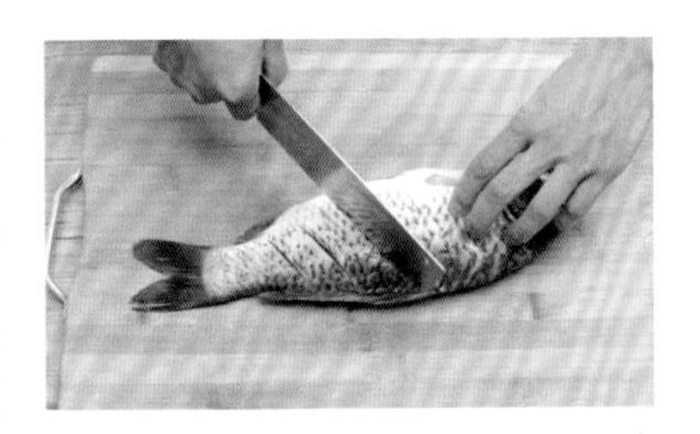

2 在鲤鱼的两面都划几刀，用盐腌制10分钟后裹上少许面粉。

3 取一小碗，将白糖、味极鲜、陈醋、料酒和少许清水调成糖醋汁备用。

4 油锅烧热，倒入食用油，放入姜丝、葱段、辣椒煸香后，鲤鱼入锅快速过油。

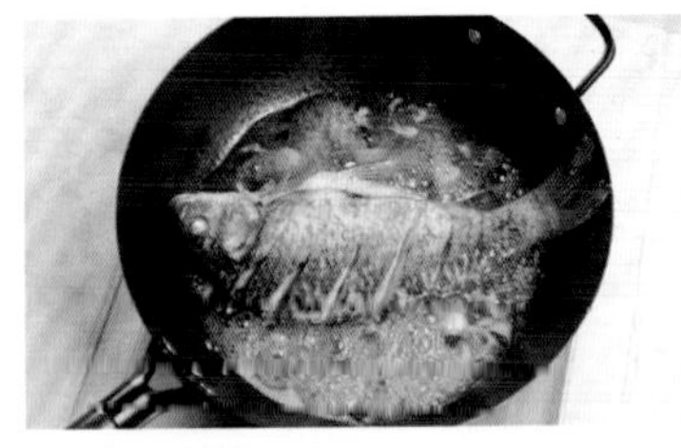

5 把调好的糖醋汁倒入锅中，加水没过鲤鱼表面，煮沸。

6 煮至汤汁收浓时即可装盘。

烹饪秘籍

整条鲤鱼入锅煮出来的外观比较美观，如果想缩短烹饪时间，也可以将鲤鱼切成几段再煮。

糖醋鲤鱼外酥里嫩，酸甜可口，丝毫尝不出来河鱼的淡淡的土腥味，鱼的鲜味还得到了发扬。

湘浙粤合作出品

泡菜炒小墨鱼

25分钟　简单

主料

市售泡菜 100 克

市售的熟小墨鱼 200 克

辅料

食用油 1 汤匙 | 姜片 4 克

蒜片 4 克 | 红尖椒 1 个

生抽 1 汤匙

偷懒秘籍

用市售的泡菜
+
已熟的
小墨鱼

做法

用市售的泡菜

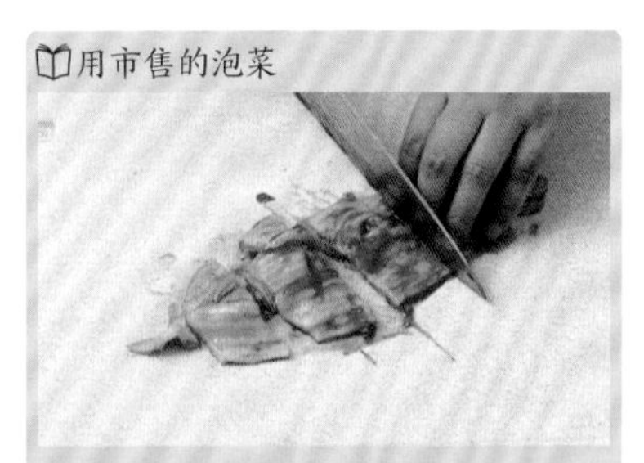

1 将泡菜从包装袋中取出，切成5厘米左右的段备用。

用已熟的小墨鱼

2 小墨鱼用清水冲洗一两次后沥干备用，红尖椒洗净、切段备用。

3 热锅注入食用油，加入姜片、蒜片后用小火炒香。

4 倒入泡菜，用大火翻炒 1 分钟。

5 再倒入小墨鱼和红尖椒，添加适量清水翻炒。

6 炒至小墨鱼变软时，加入生抽调匀，即可出锅。

烹饪秘籍

1 如果买的是生小墨鱼，只需要在炒前焯烫 1 分钟即可。

2 由于泡菜和小墨鱼都含有盐，所以这道菜无须再加盐。在炒前最好试一下泡菜的味道，如果感觉太咸可以用水洗一次，会使咸味减轻些。

酸辣口味的墨鱼仔，就问你爱不爱。泡菜脆生生的，
小墨鱼肉质紧实弹牙，蒜香扑鼻，还有微微的辣味，
这道鲜美的韩餐在家也能轻松做出来。

绿肥红瘦

香芹炒虾仁干

30分钟　简单

主料

西芹 150

虾仁干 50克

辅料

食用油2汤匙 | 盐3克 | 姜片3克

蒜片3克 | 米酒1汤匙 | 白糖3克

偷懒秘籍

虾仁干为干货，极易处理

做法

虾仁干为干货，极易处理

1 虾仁干冲洗一次后加清水泡发待用。

2 将西芹择洗干净，切成长段。

3 锅中倒入食用油，加入姜片、蒜片后用小火炒香。

4 倒入西芹，用大火翻炒，加入盐调味。

5 炒至西芹断生，接着加入虾仁干继续翻炒。

6 炒至虾仁干变软时，加入米酒和白糖调匀即可。

烹饪秘籍

1 虾仁干本身含有少量盐，所以这道菜的盐可适当减少。

2 泡发虾仁干的清水无须倒掉，可以留着，在炒制时往锅中添加适量。

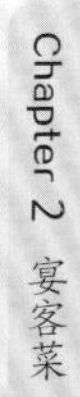

翠绿色的香芹水分十足，带着竹叶的香气，偶遇了来自不同世界的弹牙爽滑的虾仁。是你书写了我的诗，还是我渲染了你的梦？

剪不断理还乱

响油秋葵金针菇

20分钟　简单

主料

秋葵200克
金针菇200克

辅料

食用油2汤匙 | 盐2克 | 蚝油1汤匙
白糖1茶匙 | 陈醋2汤匙 | 蒜末4克

偷懒秘籍
秋葵和金针菇的处理简单省时

做法

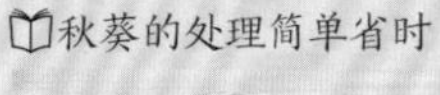

秋葵的处理简单省时

1 秋葵泡水后用小刷子清除表面脏物，去蒂，洗净备用。

金针菇的处理简单省时

2 金针菇去掉根部，将每根掰开，泡水洗净备用。

3 锅中烧水，水开后放入秋葵和金针菇，焯烫1分钟后捞出，沥干水分备用。

4 取一盘子，将切开的秋葵和金针菇整齐码好。

5 另取一小碗，将蚝油、白糖、盐、陈醋加10毫升凉开水调成汁。

6 将调好的汁倒在秋葵和金针菇上拌匀。

7 热锅放油，放入蒜末煸香后迅速关火。

8 将冒着热气的油泼入秋葵和金针菇上调匀即可。

烹饪秘籍

如果想要秋葵更加入味，也可以对切成两半，但需要先焯水再切半，才能避免出现秋葵黏稠的情况。

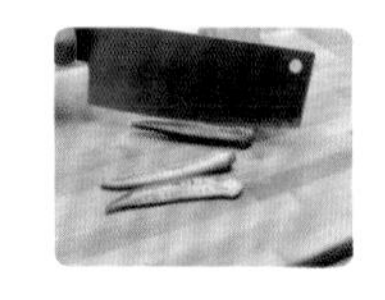

软乎乎的秋葵口感滑滑的，很容易嚼；金针菇嫩滑耐嚼，咬断的那一瞬间有咯吱咯吱的声响，嚼起来很有节奏感。二者本没什么味道，蒜末和蚝油为它们增添了滋味。

红翡绿翠

蒜薹炒香肠

30分钟　简单

蒜薹炒香肠是数一数二的下饭菜，搭配刚焖好的香喷喷的大米饭。红绿白三色，泛着光，蒜薹微辣耐嚼，香肠弹牙浓香，白饭绵软，这是多种口感的绝佳搭配。

主料

蒜薹300克 | 香肠200克

辅料

食用油1汤匙 | 盐3克

蒜片4克 | 红辣椒段4克

烹饪秘籍

蒜薹含有较多农药，在下锅前一定要多泡清水，最好加点盐清洗。这道菜里的香肠也可以用火腿肠或是腊肠来代替，也一样美味。

做法

食材预处理简单

1 蒜薹掐头去尾，泡水洗净后切成3厘米长的段。香肠切片备用。

2 锅中加水，待水烧开后加盐和食用油，将蒜薹焯1分钟，捞出沥干。

3 油锅烧热，倒入食用油，放入蒜片、红辣椒段煸香。

4 倒入焯过的蒜薹炒至变软时，加入香肠大火翻炒。

5 最后加入盐炒匀即可。

鲜香醇厚

丝瓜炒蟹味菇

20分钟　简单

丝瓜炒熟之后变得软乎乎的，只剩下淡淡的清香气息，闲云野鹤。蟹味菇就充当了这道菜的筋骨，柔韧有余，蟹香浓厚，是令人欢喜的人间烟火味。

主料

丝瓜 1 条（约 300 克）

蟹味菇 200 克

辅料

食用油 1 汤匙 | 盐 3 克

红辣椒段 4 克 | 蒜片 4 克

烹饪秘籍

要想炒出的丝瓜翠绿可口，不要太早放盐，出锅前加入盐是保持翠绿的小窍门之一。另外，丝瓜不要太早削皮，即削即炒也能避免丝瓜发黑。

做法

食材预处理简单

1 丝瓜去皮、洗净，切成滚刀块；蟹味菇去掉根部，洗净备用。

2 锅烧热，倒入食用油，加蒜片和红辣椒段炒出香味。

3 倒入蟹味菇，加少许盐炒匀。

4 待蟹味菇炒至出水变软时，加入丝瓜翻炒。

5 炒约 5 分钟，待丝瓜变透明时加入剩余盐炒匀即可。

两倍的鲜脆可爱

素炒双笋

20分钟　简单

主料

- 芦笋200克
- 玉米笋200克
- 胡萝卜1根

辅料

- 食用油1汤匙
- 盐1/2茶匙
- 蚝油1汤匙

偷懒秘籍

食材预处理简单

做法

食材预处理简单

1 玉米笋竖切成四瓣，洗净备用。胡萝卜去皮，洗净备用。芦笋择除老硬的根部，洗净备用。

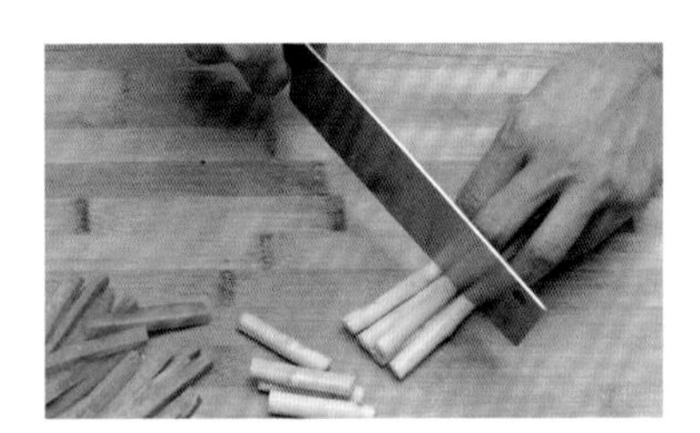

2 芦笋、胡萝卜切成和玉米笋同样长度的粗条。

3 锅中烧水，沸腾后加入少许食用油和盐，放入玉米笋、胡萝卜和芦笋焯烫2分钟，捞出沥干。

4 锅烧热，倒入剩余食用油，倒入焯好的芦笋、玉米笋、胡萝卜，加剩余盐炒匀。

5 加入蚝油炒匀即可出锅。

烹饪秘籍

这道菜中的三个主料一定要切成等长且同样大小的段，这样才能炒得均匀，以保证这道菜的口感。如果买不到新鲜的玉米笋，也可以买玉米笋罐头来代替。

这道菜就一个字“脆”，芦笋、玉米笋，二者本就脆生生的，鲜味十足。合并起来的素炒双笋拥有两倍的鲜脆可口、两倍的微甜、两倍的香气。

繁花与红霞

番茄炒菜花

25分钟 简单

主料

- 番茄1个
- 菜花300克

辅料

食用油1汤匙 | 盐3克
蒜片4克 | 鸡精2克

偷懒秘籍
食材预处理简单

做法

食材预处理简单

1 菜花切成小朵，泡入淡盐水中，捞出后用清水洗净备用。

食材预处理简单

2 番茄洗净、去蒂后切成小块备用。

3 锅中烧水，沸腾后放入少许食用油和盐，加入菜花焯烫2分钟后捞出过凉水。

4 起锅，放剩余食用油，加蒜片炒出香味，放入菜花大火翻炒。

5 炒至菜花透明时加入番茄继续炒匀，其间加点水避免干锅。

6 炒至番茄出汁时，加入剩余盐和鸡精炒匀即可出锅。

烹饪秘籍

菜花，也叫花菜，有白管和绿管两种可以选择。绿管的翠绿清脆，白管的煮起来熟得快，可以根据自己的喜好来购买。

菜花干干巴巴，没什么味道，呆呆地，很内向。
番茄是热情的少女，圆乎乎的，盘得一手好菜，
酸酸甜甜，感染着菜花。

火辣娇妹

蒜泥蒸南瓜

30 分钟　简单

主料

南瓜 500 克

辅料

蒜片 6 克 | 青辣椒 1 根 | 红辣椒 1 根
香油 1 茶匙 | 盐 1/2 茶匙

烹饪秘籍

挑选南瓜时，应选择外皮是金黄色的，这样烧出的南瓜香甜又沙软，十分美味。一个南瓜都好几斤重，建议选择超市里已经切割好的南瓜块，一次吃完不浪费。

做法

1 南瓜去皮、去瓤，洗净后切成厚约 0.5 厘米的薄片。

2 青、红辣椒洗净后切末备用。

3 取一盘，将南瓜整齐码好，拌入盐。

4 青红辣椒、蒜片撒在南瓜表面，淋入香油。

用电饭锅无须看锅

5 将盘子放入电饭锅中，按下开关键隔水蒸，蒸至开关自动跳起时即可。

3
Chapter
餐厅菜

京菜经典

京酱肉丝

30分钟 简单

主料

猪里脊肉300克

辅料

大葱1根 | 食用油2汤匙

料酒1汤匙

甜面酱2汤匙

白糖2汤匙 | 淀粉1茶匙

偷懒秘籍

用市售的甜面酱包 + 市售切好的猪肉丝

做法

用市售切好的猪肉丝丝

1 将猪里脊肉洗净，切成丝，用淀粉和料酒腌制10分钟以上。

2 大葱取葱白部分，洗净切丝后铺于盘子底部备用。

用市售的甜面酱包

3 取甜面酱、白糖加少量凉白开水调成酱汁。

4 锅中倒入食用油，锅热后倒入肉丝，用中火快速滑炒到变白。

5 锅中加入第3步调匀的酱汁，不断翻炒至酱汁变浓，且肉丝均裹上酱汁。

6 盛出肉丝铺于葱丝上即可。

烹饪秘籍

这道菜属于零失败的名菜，制作的关键是甜面酱的调制。甜面酱已带咸味，所以无须再加盐。另外在调酱汁时，凉白开的加入也是十分必要的，否则甜面酱过于黏稠，容易炒煳。

北京菜中占据着重要地位的京酱肉丝，受到广大人民群众的欢迎。浓郁甜面酱炒制的肉丝甜腻厚重，而葱的辛辣是透过乌云的阳光，亮得耀眼。

扣住你的心

梅菜扣肉

1 小时　高等

偷懒秘籍
用电压力锅
无须看锅

主料

猪五花肉 400 克
梅菜 150 克

辅料

生抽 3 汤匙 | 白砂糖 2 茶匙
老抽 1 汤匙 | 米酒 2 汤匙

做法

1 将梅菜泡水 15 分钟，去掉细沙，洗净，切成小段后沥干备用。

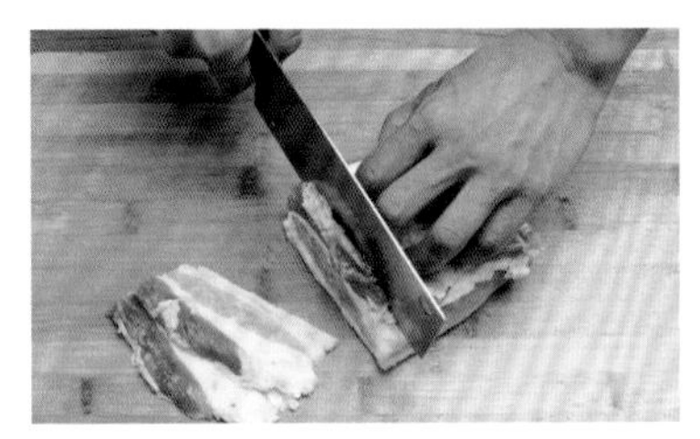

2 五花肉洗净，切成长约 8 厘米，宽 4 厘米，厚 0.5 厘米的薄片。

3 五花肉片中加入生抽、白砂糖、米酒，调匀后腌制 5 分钟以上。

4 取一碗，整齐码入五花肉片，上面铺满梅菜干后倒上少许老抽。

用电压力锅无须看锅

5 电压力锅中加适量水没过蒸架，放入五花肉，选择“排骨”键。

6 蒸好后取出碗，翻过来倒扣在盘子上，五花肉在上面即可。

烹饪秘籍

梅花泡水的时间不要超过 30 分钟，否则味道会变淡而影响这道菜的整体口感。如果时间比较充裕，腌制五花肉的时间可以适当延长。

品尝着软糯细腻的梅菜扣肉，就仿佛把人带入了白瓦青砖的梅雨季节，与青色的扎染花布、轻柔的吴侬软语、温婉的小家碧玉相映成趣。

擦亮你的眼

枸杞猪肝汤

40分钟　简单

主料

- 猪肝300克
- 枸杞子10克
- 菠菜叶20克

辅料

米醋1汤匙 | 食用油1汤匙

葱段8克 | 姜片5克

盐3克 | 胡椒粉1茶匙

偷懒秘籍

食材
预处理简单

做法

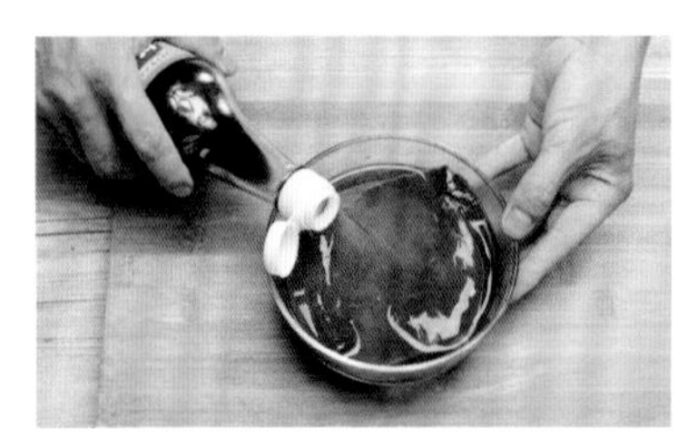

1 将猪肝放反复冲洗后，放入加有米醋的清水中泡10分钟左右。

食材预处理简单

2 捞出猪肝，沥干后切成约2毫米厚的薄片。枸杞子和菠菜叶洗净备用。

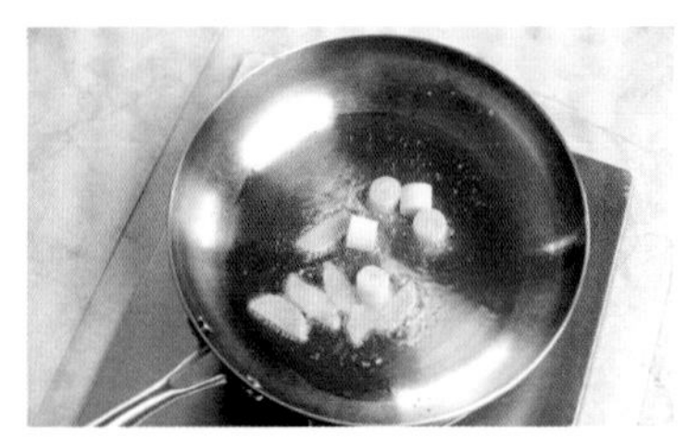

3 锅中倒入食用油，锅热后倒入葱段和姜片炒出香味。

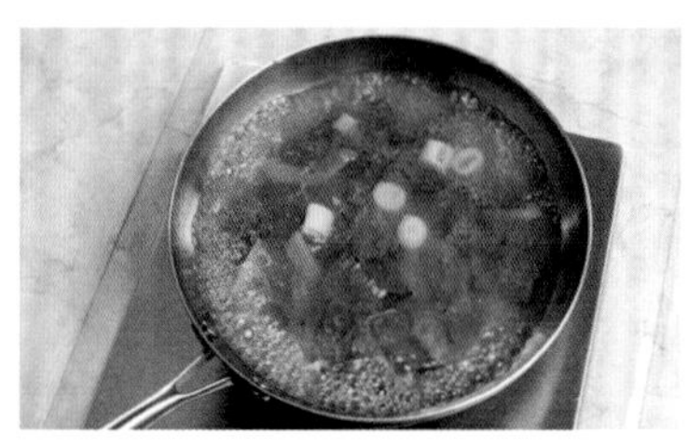

4 倒入猪肝，煸炒后加入清水，以没过猪肝的2倍为宜。

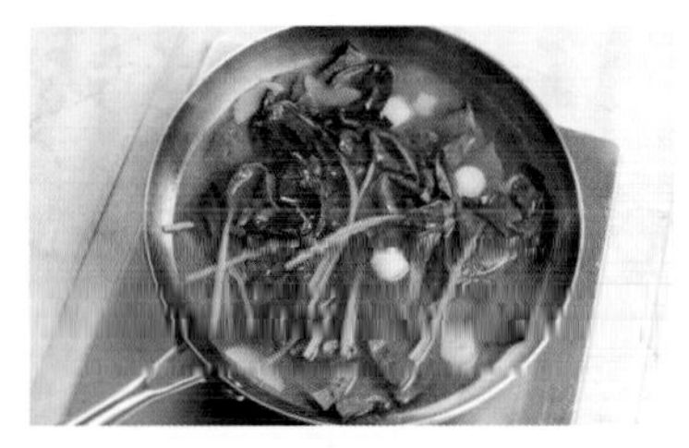

5 大火烧开后，加入菠菜叶和枸杞子。

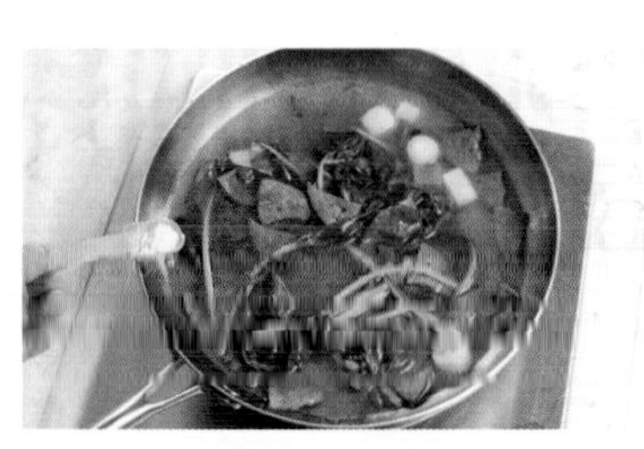

6 待水沸腾后加入盐和胡椒粉调味即可。

烹饪秘籍

猪肝虽然富含营养，但一定要煮熟再食用，切不可食用未熟透的猪肝，否则猪肝中残留的有毒物质会影响身体健康。

养生从你我做起，从今天开始。枸杞子、猪肝都是护眼小能手，长期面对电脑的程序员和文职人员经常会感到眼睛疲惫，煲这小汤放松一下吧。

难忘的经典

糖醋排骨

50分钟　简单

主料

猪肋排400克

辅料

食用油2汤匙 | 蒜片3克

生姜3片 | 白芝麻少许

糖醋排骨调料包1小袋

偷懒秘籍

用市售的糖醋排骨调料包

做法

1 猪肋排洗净，斩成4厘米长的段备用。

2 锅中加冷水，放入猪肋排，待水沸腾时捞出肋排，沥干备用。

3 锅烧热，倒入食用油，加蒜片、姜片、猪肋排，用小火炒至两面为黄色。

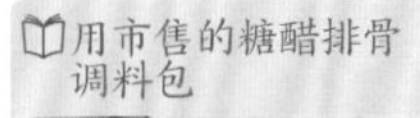

4 加水淹过猪肋排，再放入糖醋排骨调料包，用大火烧开。

5 再转至小火焖煮。

6 煮至收汁起小泡时盛出装盘。

7 撒上白芝麻点缀即可。

烹饪秘籍

1 可以在购买猪肋排时请店家帮忙斩成小段。

2 糖醋排骨调料包的具体用量请根据产品说明来配比，如果买不到，也可以用3茶匙白糖+2茶匙盐+3汤匙番茄酱来代替，可以根据个人口味调整白糖和番茄酱的用量。

糖醋排骨让每个人吃了还想吃，真的一点都不夸张。有一盘糖醋排骨，可以什么都不用吃了。超市卖的调料包提供了太多方便。

游龙戏凤

西洋菜排骨汤

1小时30分钟　简单

排骨有许多处理方式，但是最滋补的方式莫过于煲排骨汤。西洋菜的形状就像小猫小狗的爪子印，翠绿翠绿的，飘在带油腥的汤里。

偷懒秘籍

做法简单

主料

猪排骨 400 克

西洋菜 150 克

红枣 8 粒

辅料

盐 5 克

生姜 3 片

烹饪秘籍

西洋菜梗先入锅煮，是为了让西洋菜和排骨更入味，菜叶则一定要出锅前再加入，才能保持菜叶的鲜嫩翠绿。

做法

1 排骨洗净，切成小段；西洋菜择洗干净，分出菜梗和菜叶备用。

2 锅中加冷水，放入排骨，待水烧开后捞出排骨备用。

3 砂锅中加冷水没过排骨，连姜片、西洋菜梗、红枣一起用大火烧开。

4 烧开后转小火炖1小时后，挑出煮黄的西洋菜梗，加入西洋菜叶和盐煮开即可。

滋滋作响

香蒜烤肋排

1小时 简单

主料

猪肋排500克

辅料

蒜蓉20克 | 叉烧酱3汤匙

蜂蜜2汤匙 | 烧烤酱3汤匙

这道菜让人联想到在某个蝉鸣的夏日，湖边的微风阵阵，吹红了烤炉里的炭，吹飞了肋排上厚厚的孜然粉，眯了你的眼。在家可以用烤箱代替炭火，一样美味。

烹饪秘籍

不喜欢甜味的可以不刷蜂蜜，也可以添加辣椒酱等其他调料。可以根据个人的喜好在调味上适当调整。

做法

1 肋排洗净后切成10厘米的长段，沥干。

2 将所有辅料放在碗中调成汁，均匀刷在肋排上，腌制20分钟以上，越久越入味。

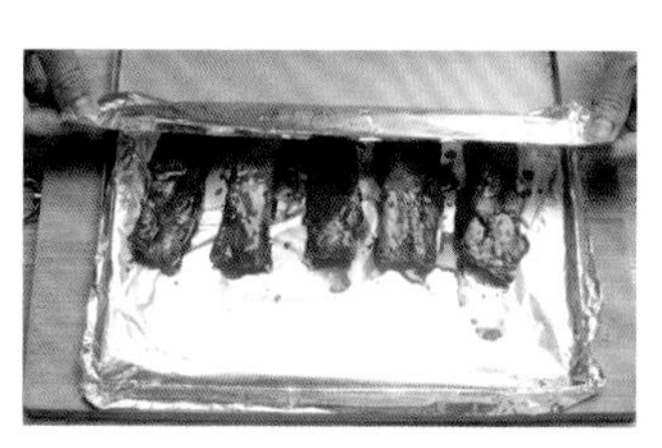

3 烤箱200℃预热3分钟，烤盘上铺上锡纸，将腌好的肋排完全包裹。

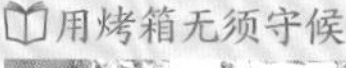
用烤箱无须守候

4 入烤箱以200℃烤20分钟后取出，打开锡纸，刷上酱汁后再烤10分钟即可。

奶酪就是力量

奶酪爆浆猪排

40 分钟　简单

主料

市售黑椒猪排半成品 1 块

辅料

食用油 2 汤匙 | 奶酪片 1 片
鸡蛋 1 个 | 面粉 40 克
面包糠适量

偷懒秘籍

用市售猪排半成品

做法

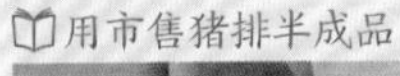

1 将黑椒猪排带骨头的四周切除，横着从中间片开，但不要切断。

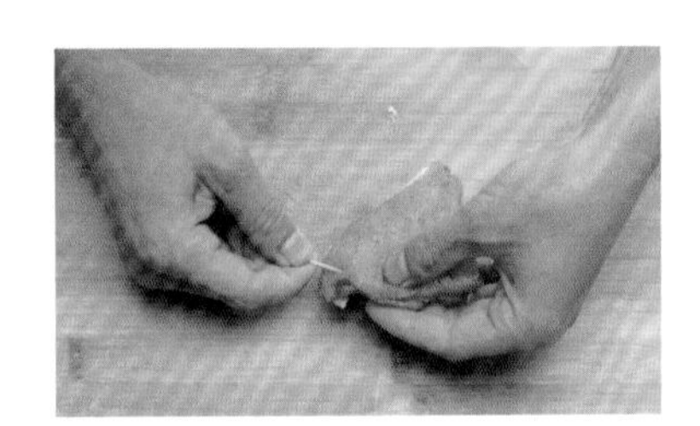

2 在猪排中间放入奶酪片，将上下两片肉盖紧，用牙签扎紧收口。

3 鸡蛋打成蛋液。

4 在碗里放入适量面粉，将猪排放入均匀裹上面粉。

5 接着将猪排两面依次裹上鸡蛋液和一层面包糠。

6 热锅放油，烧至五成热时将猪排放入，用小火炸至两面金黄时即可。

烹饪秘籍

1 选用黑椒猪排成品，省去了腌制入味的时间，如果不赶时间，也可以自购较厚的里脊肉用黑胡椒粉及盐腌制后炸制。

2 用牙签收口猪排，是为了防止奶酪漏出。

没有什么是一块两面金黄、外酥里嫩的爆浆猪排解决不了的，如果有，就两块。超市购买的猪排半成品会省去不少麻烦。

抓住你的胃

茄汁培根通心粉

30 分钟　简单

主料

通心粉 100 克

培根 60 克

辅料

橄榄油 2 汤匙 | 盐 1 茶匙

番茄 1 个 | 洋葱半个

黑胡椒粉 10 克

偷懒秘籍

做法简单

做法

1 将番茄和洋葱洗净，切成小块，培根切成小宽条。

2 锅中烧水至沸腾后加入通心粉、1/2 茶匙盐，煮熟后捞出沥干。

3 锅烧热后放入橄榄油，先放入培根和洋葱炒出香味，再炒番茄。

4 炒至番茄出汁未破皮时，加入通心粉翻炒。

5 加入剩余盐和黑胡椒，炒匀后即可出锅。

烹饪秘籍

1 通心粉的水煮时间可根据包装袋上的提示适当延长，但不要煮太烂而影响口感。

2 培根本身就带咸味，所以无须添加过多盐。

酸酸甜甜的茄汁是万能酱汁，无论是拌饭还是拌面抑或是拌通心粉，都是“光盘王者”。培根有淡淡烟熏气息，洋葱软烂清香，通心粉裹满酸甜的酱汁，软软的，十分美味。

好吃到哭泣

蚂蚁上树

30分钟　简单

主料

龙口粉丝150克 | 猪肉末100克

辅料

食用油2汤匙 | 姜末8克 | 葱花10克
蒜末8克 | 盐2克 | 生抽2汤匙
郫县豆瓣酱2汤匙

烹饪秘籍

泡发粉丝的时间不宜过长，太软的粉丝炒时易煳锅。龙口粉丝具备易熟的特点，如果换成红薯粉丝，口感会更筋道，相应地则需要延长烹饪时间。

做法

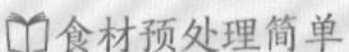
食材预处理简单

1 将粉丝用60℃的热水泡20分钟并剪短。

2 热锅倒入食用油，加入姜蒜末炒出香味。

3 倒入猪肉末，翻炒至发白时，加入豆瓣酱炒匀。

4 接着加入泡软的粉丝和少许水，不断翻炒，以免煳锅。

5 加入盐、生抽和葱花翻炒匀，即可出锅。

简单易饱

牛肉汉堡

40分钟 简单

忙碌的上班族自己在家也可以做出某几大品牌的牛肉汉堡。约三两好友，烛火，红酒，高脚杯，也是一顿可以发朋友圈的精美西餐。

主料

汉堡面包坯2个

牛肉末100克

辅料

食用油3汤匙 | 盐3克

黑胡椒粉1茶匙 | 净生菜叶1片

番茄薄片1片 | 奶酪片1片

烹饪秘籍

奶酪片盖在刚煎好的肉饼上，可以利用出锅的热度使奶酪片自然融化，口感更加浓郁。喜欢沙拉口味的也可以在生菜叶上淋上少许沙拉酱。

做法

1 牛肉末中加入盐和黑胡椒粉，拌匀后拍成和汉堡等大的肉饼。

2 锅中放油，开小火，下肉饼煎至两面变色时取出。

市售的汉堡面包

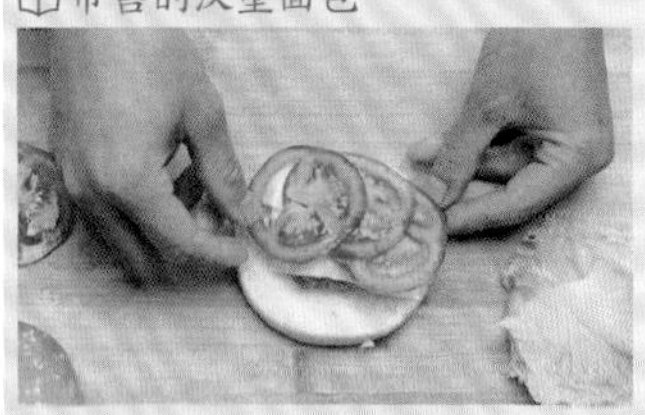

3 切开汉堡面包坯，一片面包坯依次放入牛肉饼、奶酪片、番茄和生菜叶，盖上另一片面包坯即可。

肥而不腻

京葱爆肥牛

25分钟 简单

主料

肥牛片300克

辅料

食用油2汤匙 | 京葱1根
盐4克 | 生姜片4克
料酒1汤匙

偷懒秘籍
用超市切好的牛肉片

做法

用超市切好的牛肉片

1 将冷冻肥牛肉片提前从冰箱取出化冻。

2 京葱洗净，分成葱白和葱叶两部分，斜切成约4厘米的段。

3 锅烧热，倒入食用油，放入葱白和生姜炒出香味。

4 接着倒入肥牛片和葱叶，用大火快速翻炒。

5 最后加入盐和料酒调味即可。

烹饪秘籍

这道菜里的肥牛已经切得很薄了，所以要掌握好火候，用大火快炒，如果炒太久，肥牛片就会缩成小片，影响口感。

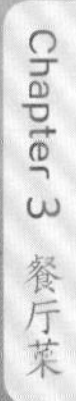

盛一碗冒着热气的白米饭，把炒熟的京葱爆肥牛铺在白米饭上，铺满满一层，等几秒钟，待酱汁开始渗透进米粒里面，拿个勺子，接下来就可以大快朵颐了。

肚里有乾坤

牛肉蛋包饭

30分钟 简单

主料

牛肉150克 | 鸡蛋2个

隔夜熟米饭1碗（约100克）

辅料

食用油2汤匙 | 洋葱半个

盐1茶匙 | 黑胡椒粉3克

番茄酱2汤匙

偷懒秘籍

做法简单

做法

1 牛肉洗净，切成细丝；洋葱洗净，切成薄片备用。

2 鸡蛋磕入碗中，加1克盐，搅拌均匀成蛋液。

3 不粘锅烧热后放入食用油，下牛肉丝炒至发白。

4 倒入洋葱后加黑胡椒粉继续炒匀。

5 倒入米饭和1汤匙番茄酱，炒匀后加剩余盐调味盛出。

6 热锅加食用油，倒入鸡蛋液，用小火摊成一个薄薄的鸡蛋饼。

7 在蛋饼快凝固时，将炒饭倒在蛋饼的一侧，并用锅铲轻推，将蛋饼对折并定形。

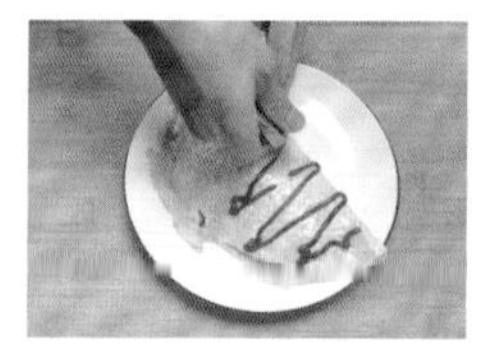

8 装盘，在表面淋上剩余番茄酱即可。

烹饪秘籍

想要摊出一个漂亮的鸡蛋饼，一定要开小火，油也不能放多。这道菜里包的是牛肉，也可以换成鸡肉、猪肉。

蛋包饭的魅力在于你剖开蛋皮的那一刻，香味四溢，如果是在动漫里，还会出现金光四射。牛肉加黑胡椒，是难以言表的魅力。

黑暗料理不黑暗

黑椒牛柳意面

35分钟　简单

主料

意大利面200克
牛里脊肉100克

辅料

黄油40克 | 盐3克
黑胡椒粉1茶匙
洋葱半个 | 生抽1汤匙

偷懒秘籍

食材
预处理简单

做法

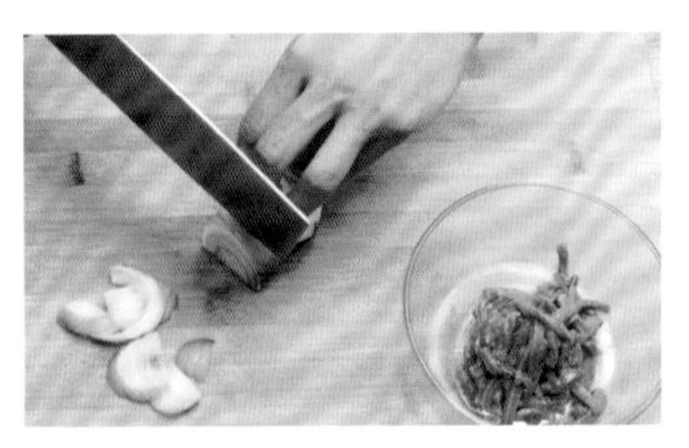

1 将洗净的牛里脊肉切成细丝，洋葱洗净，切成细条备用。

食材预处理简单

2 锅中加水烧开，加入意大利面，用大火煮10分钟至透明没有白心。

3 面条捞出后用凉水冲凉。

4 锅烧热后放入黄油，倒入牛肉炒至断生，再加入洋葱和盐翻炒。

5 接着倒入意大利面持续翻炒。

6 最后加入生抽和黑胡椒粉调味即可。

烹饪秘籍

捞出意面后是否过凉水，是让意面更筋道的小窍门，所以这个过程不可缺少。在配料上，还可以增加少量的青红椒来增加口感。如果不喜欢黄油的味道，也可以改用橄榄油。

意面有许多做法，有数不清的搭配。醇厚的牛肉
香气融入了浓郁的黄油里面，意大利面本无味，
沾上了黑胡椒牛肉的酱汁，赶快动手做吧。

群英荟萃

懒人韩式拌饭

50分钟　高等

偷懒秘籍

用电饭锅无须看锅

主料

大米500克 | 牛里脊100克

鸡蛋1个 | 胡萝卜100克

西葫芦100克 | 洋葱100克

金针菇100克

辅料

盐4克 | 生抽4克

料酒1茶匙

韩式辣酱3汤匙

做法

1 将牛里脊洗净，切丝后用生抽和料酒腌制10分钟。

2 将所有蔬菜洗净，胡萝卜和西葫芦切丝，洋葱切块后用盐腌制入味。

用电饭锅无须看锅

3 大米洗净，放入电饭锅内胆，加入平时蒸干饭的水，上面码上所有蔬菜。

4 在蔬菜上再放上牛里脊丝，按下煮饭键。

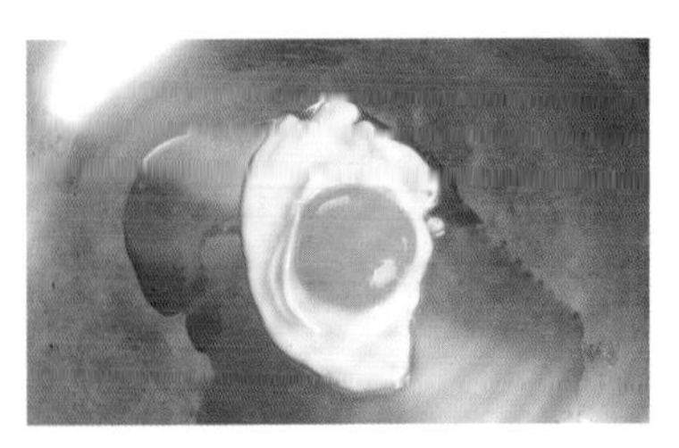

5 利用煮饭的时间煎个荷包蛋，几分熟按个人喜好掌控。

6 米饭煮好时，放入荷包蛋，再拌入韩式辣酱即可。

烹饪秘籍

1 懒人韩式拌饭的配料是肉类+素菜类。选择也比较随意：除了用牛肉，还可以用猪肉，适合做配料的还有菠菜、黄豆芽、蕨菜、新鲜香菇、木耳等。

2 荷包蛋煎成五六成熟的溏心蛋，和米饭、辣椒拌匀后更加入味。

电饭锅内胆保证了食材的温度，饭在锅边会形成锅巴，脆脆香香的，拌制酱料加上[illegible]色、口感各异的食材搅在一起，不仅颜值在线，而且美味又营养。

草原的气息

孜然羊肉

40分钟　简单

主料

羊里脊肉 500 克

辅料

食用油 2 汤匙 | 生抽 2 汤匙
孜然粉 2 茶匙 | 辣椒面 1 茶匙
白芝麻 1 茶匙 | 香菜 10 克
盐 1/2 茶匙

偷懒秘籍
食材预处理简单

做法

食材预处理简单

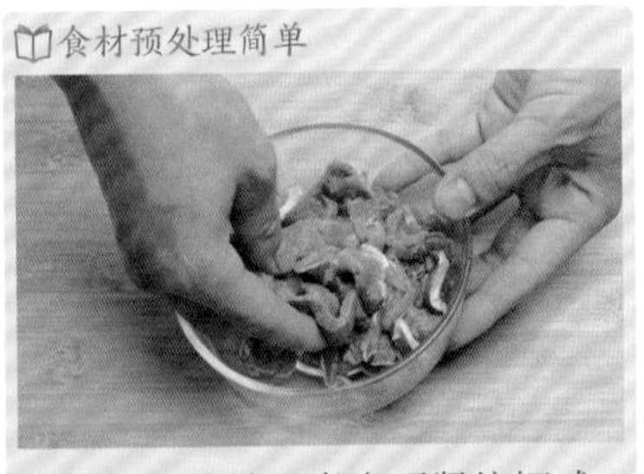

1 将洗净的羊里脊肉顺竖纹切成 1 毫米的薄片，再用手攥干水分。

2 加生抽腌制 10 分钟入味。

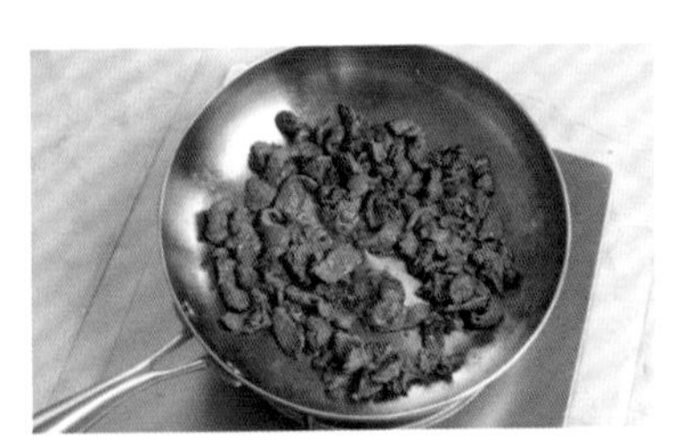

3 起锅烧热，倒入食用油，加入羊肉不断翻炒到微微变焦。

4 依次加入白芝麻、孜然粉、辣椒面、盐炒匀。

5 盘底铺上香菜，再盛入羊肉即可。

烹饪秘籍

这道菜的第 3 步为关键步骤，在炒羊肉时，需要用中火将汤汁和油脂炒出，析出的汤汁要舀出，把剩余的水分炒干即可。

孜然羊肉带来了大草原的气息。实实在在的大肉块，瘦而不柴。小小的孜然粒散落在上面，增添了花草树木的气息。

难以抗拒的诱惑

酸菜羊肉煲

50 分钟　简单

主料

羊肉 500 克

市售酸菜 200 克

辅料

食用油 2 汤匙 | 盐 3 克

小红椒 1 个 | 葱段 5 克

青蒜叶 5 克

偷懒秘籍

用市售酸菜

做法

用市售酸菜

1 将羊肉洗净后切成薄片，酸菜洗净、切成小段备用。

2 锅中放入冷水，倒入羊肉片焯烫 2 分钟后捞出。

烹饪秘籍

羊肉在切块后焯水可以析出血水，这样能提升羊肉煲的整体口感。

3 锅中倒入食用油，放入葱段、小红椒，用中火煸出香味。

4 接着倒入酸菜用大火翻炒。

5 锅中加入 800 毫升的水，大火烧开。

6 倒入焯过的羊肉片煮 10 分钟后，加盐和青蒜叶调味即可。

羊肉的香气很厚重，如同汹涌的波涛，排山倒海而来。酸菜是山间清爽的风，带着些花草树木的香气，格外清新。

醇香浓郁

日式咖喱乌冬面

25 分钟　简单

主料

乌冬面 300 克 | 牛肉 100 克

辅料

食用油 2 汤匙 | 洋葱 50 克
土豆 40 克 | 胡萝卜 50 克
盐 3 克 | 日式咖喱块 100 克

烹饪秘籍

1 如想节省时间，可以用肥牛片代替牛肉，喜欢海鲜口味的，可以将牛肉换成虾。
2 选用日式咖喱块，味道更浓郁。

做法

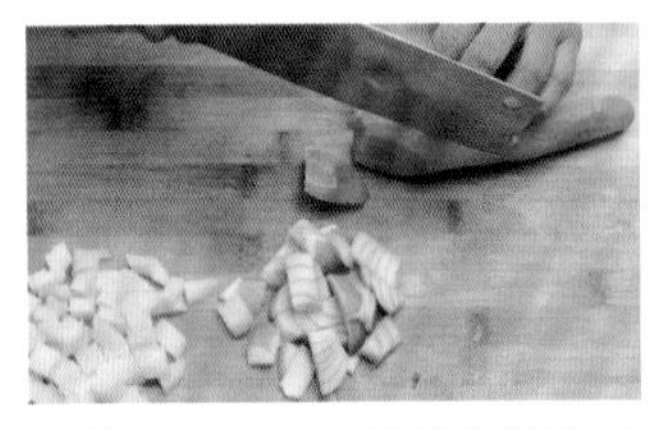

1 洋葱、土豆、胡萝卜洗净后切小块备用。

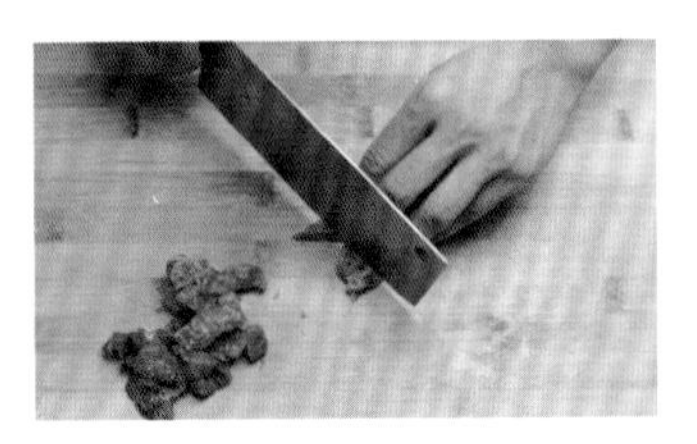

2 牛肉洗净后切成小块备用。

3 锅中倒入食用油，放入洋葱块炒香。

4 倒入牛肉翻炒至发白后，加土豆和胡萝卜翻炒。

5 炒软后加入 1 升水烧开。

6 加入乌冬面，待面条煮熟后加入咖喱块和盐煮开即可。

竹林中的一声鸡鸣

竹笋煲土鸡

1小时20分钟　简单

雨后的竹林还蒙着淡淡的薄雾，新生的竹笋蜂拥而出。老屋上空炊烟袅袅，一群母鸡咕咕咕抢着回窝。这道菜仿佛将这乡野风光都融进了浓浓的汤里面。

主料

已切块的土鸡1只

袋装竹笋成品250克

辅料

生姜片5克

大葱段5克

盐3克

烹饪秘籍

这道菜中选用的竹笋是超市出售的真空装，所以无须清洗切段。如果用的是竹笋干，则需要提前泡发后再入锅。

做法

市售切块土鸡

1 将土鸡洗净，放入冷水锅中，待水烧开后焯烫2分钟后捞出。

2 将焯过的土鸡移到电饭锅中，加入冷水盖过鸡肉，再将生姜片放入锅中。

袋装竹笋

3 选择“煲汤”功能，煮至自动跳键时，再放入竹笋。

4 选择“快煮”功能煮好时，加入盐和大葱段调味即可。

你个小妖精

泡椒凤爪

1小时30分钟　简单

主料

鸡爪500克

辅料

生姜5片 | 泡椒250克

白醋适量 | 盐2克

朝天椒圈5克

偷懒秘籍

食材预处理简单

做法

食材预处理简单

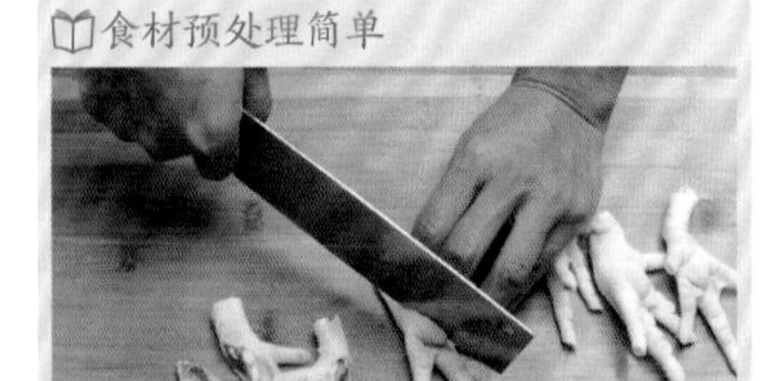

1 鸡爪用剪刀剪去趾甲后洗净，剁成两半。

2 锅中放入冷水，烧开水后放入生姜和鸡爪煮15分钟。

烹饪秘籍

鸡爪煮熟后立即冲凉水是为了口感更坚实，如果想让鸡爪看上去更白，则可以延长用凉水冲洗鸡爪的时间。

3 鸡爪煮熟后捞出，立即冲凉水，沥干备用。

4 取一保鲜碗，放入泡椒及泡椒水，加入白醋、盐、凉白开水调匀。

5 再将鸡爪浸入调好的泡椒水中，并用朝天椒圈点缀。

6 盖上保鲜盖，放置1小时后即可食用。

哼，你这个泡椒凤爪，吃起来就是让人回味无穷的“小妖精”。酸酸辣辣，弹牙爽滑，满满的胶原蛋白，每个趾节都是脆脆的，最爱连接处的软骨和肥厚的掌心。无论是做零食还是做菜，都好吃。

大吉大利

辣子鸡丁

40分钟　简单

主料

鸡胸肉 300 克

辅料

食用油 2 汤匙

辣子鸡丁调料包 1 包

干辣椒段 10 克 | 姜片 5 克

蒜末 5 克 | 生抽 1 汤匙

料酒 1 汤匙

偷懒秘籍

用市售的辣子鸡丁调料包

做法

1 鸡胸肉洗净，切丁后用生抽和料酒腌制 10 分钟。

2 锅中倒入食用油，放入姜片、蒜末，用中火煸出香味。

3 加入干辣椒段继续炒出辣味。

用市售的辣子鸡丁调料包

4 倒入鸡胸肉，用大火翻炒至变白色时，加入辣子鸡丁调料包炒匀。

5 待收汁后即可出锅。

烹饪秘籍

这道菜里的主料鸡胸肉可以用去骨的鸡腿肉代替，从烹制时间上看，鸡胸肉更快熟。

在油锅里面煎熬后的辣椒和鸡丁，香酥可口，泛着金黄色和大红色的光泽，喜气洋洋的。辣子鸡丁是餐桌上的经典，是最先被抢光的一道菜。

酱香典范

三杯鸡

1 小时 20 分钟　简单

主料

土鸡整鸡 1 只（约 1000 克）

辅料

米酒 50 毫升 | 味极鲜 50 毫升
香油 50 毫升 | 白糖 4 茶匙
生姜片 10 克 | 葱段 15 克
香菜 5 克

偷懒秘籍

用电饭锅
无须看锅

做法

1 将土鸡洗净，剁成小块备用。

2 将电饭锅内胆洗净，底部铺上生姜片和葱段。

3 将米酒、味极鲜、香油、白糖倒入内胆中调匀。

4 接着往电饭锅内胆中放入土鸡，裹上第 3 步中调匀的调料。

用电饭锅无须看锅

5 盖上锅盖并按下开关键。

6 开关跳起后翻个面，再煮 10 分钟，用筷子试扎肉最厚的地方，无血水就熟了。

7 做好的三杯鸡取出装盘，上面放点香菜点缀即可。

烹饪秘籍

1 之所以叫三杯鸡，是指其中的配料为酱油、香油、米酒各一杯，其中香油最好用纯正的黑芝麻油，浓郁的香味能使这道菜更具风味。

2 如果想整只鸡上色更漂亮，也可以在开关跳起后再煮片刻，直到收汁为止。

三杯是指一杯米酒、一杯香油、一杯酱油，全鸡烹制不放水。炖出来的三杯鸡酱香浓郁，咸中带鲜，嚼劲十足，是下饭佳品。

甜甜蜜蜜

香烤蜂蜜鸡胸肉

40 分钟 简单

偷懒秘籍

用烤箱无须守候

主料

鸡胸肉 1 块（约 200 克）

切半的圣女果 50 克

辅料

橄榄油 1 汤匙 | 蜂蜜 2 汤匙

蒜蓉 10 个 | 盐 1 茶匙

黑胡椒粉 1 茶匙

做法

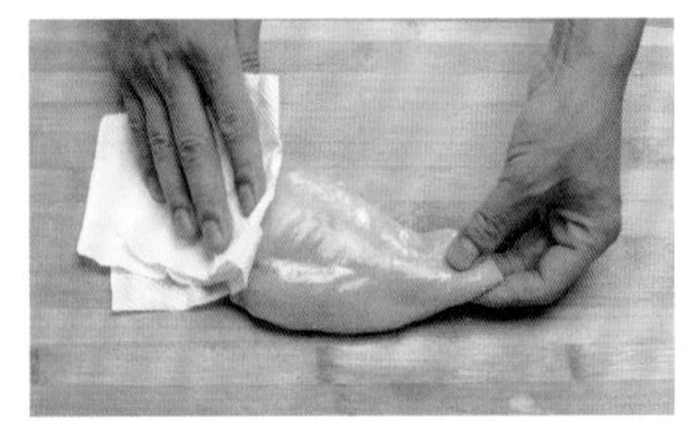

1 鸡胸肉洗净后用厨房用纸擦干水分。

2 调制腌汁：将橄榄油、盐、黑胡椒粉、蜂蜜、蒜蓉放入碗中调成腌汁。

3 鸡胸肉两面均匀涂上腌汁并按摩入味，最少放置 20 分钟以上，时间久更入味。

4 烤箱 200℃上下火预热 3 分钟，烤盘上铺上锡纸。

用烤箱无须守候

5 烤盘中放入鸡胸肉并刷上腌汁。入烤箱 200℃烤 15 分钟。

6 取出装盘，铺上圣女果点缀即可。

烹饪秘籍

1 鸡胸肉有厚有薄，烤制时间需要根据肉的厚薄来相应调整。

2 鸡肉腌制后如果能裹上保鲜膜，放入冰箱冷藏后再烤，会更入味。

买来最新鲜的蜂蜜来做这道菜吧。看着烤箱里，蜂蜜一点点把鸡肉染成了淡黄色，还给镶上了金边，快哉。

手残也能搞定

三汁焖锅

30分钟 简单

主料

鸡翅400克 | 土豆1个
洋葱1个 | 胡萝卜1个
香菜20克

辅料

甜面酱3汤匙 | 蚝油3汤匙
番茄酱2汤匙 | 生抽1汤匙
料酒1汤匙 | 黄油20克
辣椒粉10克

偷懒秘籍
电饭锅快手版

做法

1 鸡翅洗净后在表面划小口，用生抽和料酒腌制10分钟；甜面酱、蚝油、番茄酱混合调成三汁酱。

2 土豆、洋葱、胡萝卜洗净后去皮，切成滚刀块，拌上辣椒粉。

电饭锅快手版

3 电饭锅烧热后放入黄油，倒入土豆、洋葱和胡萝卜炒匀。

4 待素菜炒软后，将鸡翅整齐码在上面并盖上锅盖，焖煮至冒泡。

5 开盖后均匀地倒入调制好的三汁酱继续焖煮。

6 待电饭锅跳至保温状态时，用筷子试一下，如果鸡翅煮透，则撒上香菜调味即可。

烹饪秘籍

1 这道菜在食材的选择上并没有限制，完全可以根据个人喜好来自由搭配，荤菜可以选择虾、牛肉、排骨、鸡腿或是鱼肉，素菜则可以选择红薯、莲藕、青椒、大白菜或是菌菇类。
2 烹制的锅具优先选用不糊锅型的，如电火锅、电饭锅、不粘锅等。

焖锅里面的食材都被炖得香香软软的，糯糯的土豆鲜香入味，洋葱软软的，胡萝卜甜丝丝的，鸡翅的肉紧实有味。

魔法料理

奶油蘑菇鸡肉焗饭

30 分钟　中等

主料

米饭 2 碗（约 200 克）
鸡胸肉 100 克
马苏里拉奶酪碎 100 克

辅料

橄榄油 2 汤匙 | 口蘑 100 克
洋葱半个 | 冷冻豌豆 20 克
黑胡椒粉 1/2 茶匙 | 盐 2 克

偷懒秘籍

用烤箱无须守候

做法

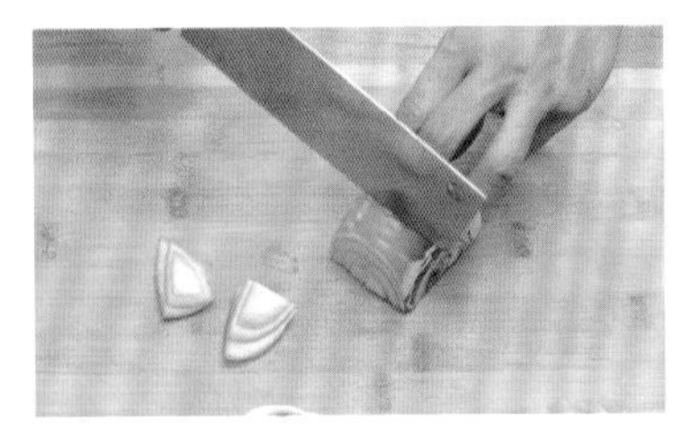

1 鸡胸肉洗净、切丝，口蘑、洋葱洗净、切片。马苏里拉奶酪和冷冻豌豆取出化冻备用。

2 锅烧热后倒入橄榄油，加入洋葱炒出香味。

3 倒入口磨及豌豆，炒至变软时，加鸡肉翻炒。

4 倒入米饭翻炒，并撒入黑胡椒粉和盐调味。

5 将炒好的米饭装入烤碗，上面均匀铺上一层马苏里拉奶酪碎。

用烤箱无须守候

6 放入预热好的烤箱，200℃上下火烤 10 分钟，烤到奶酪表面变金黄色即可。

烹饪秘籍

1 食材里的鸡胸肉也可以换成鸡腿肉，美味丝毫不减。
2 给出的烤制时间只是个参考，在实际操作中，需要根据自家烤箱的特点进行调整，避免烤焦。
3 烤碗可以选用陶瓷或是玻璃的材质。

奶酪的诱惑是一般人抵挡不了的。奶香浓郁，能拉很长的丝的奶酪，紧紧包裹着纤维紧密的鸡肉、脆脆的蘑菇，别有一番风味。

很棒的下酒菜

醋熘鸭胗

30 分钟　简单

偷懒秘籍

简易快手

主料

鸭胗 250 克

菜花 100 克

辅料

食用油 1 汤匙 | 葱段 5 克

姜片 5 克 | 蒜末 5 克

盐 1 茶匙 | 生抽 1 汤匙

香醋 1 汤匙

做法

1 鸭胗切成薄片，加一半盐，反复搓洗后用水冲洗干净。

2 菜花去掉根部，切成小朵，洗净备用。

3 锅中放入冷水，烧开后入菜花和鸭胗焯烫 3 分钟，捞出沥干。

4 锅中倒入食用油，油热后放入葱段、姜片、蒜末，用中火炒出香味。

5 倒入菜花和鸭胗，用大火炒至鸭胗变色时，加入剩余盐和生抽炒匀。

6 最后淋入香醋调味即可。

烹饪秘籍

挑选鸭胗时，注意观察其表面的颜色和肉质，颜色为红色或紫红色、肉质紧实的是比较新鲜的，反之，颜色暗淡肉质软塌的则不新鲜。在焯烫鸭胗时，可以根据个人喜欢的口感来决定焯烫的时间长短。

酸酸的醋熘鸭胗很开胃，嚼起来还很有劲。菜花经过翻炒之后很入味，小小的一朵朵很可爱。这是很下饭的两种食材，搭配起来美味加倍。

秘制美味

奥尔良烤翅

1小时 中等

主料

鸡翅中 300 克

辅料

奥尔良烤翅腌料 15 克

烹饪秘籍

1 奥尔良烤翅腌料和鸡翅的配比可以参考腌料的说明书来调制。
2 烤盘上铺锡纸是为了方便清理烤盘。

做法

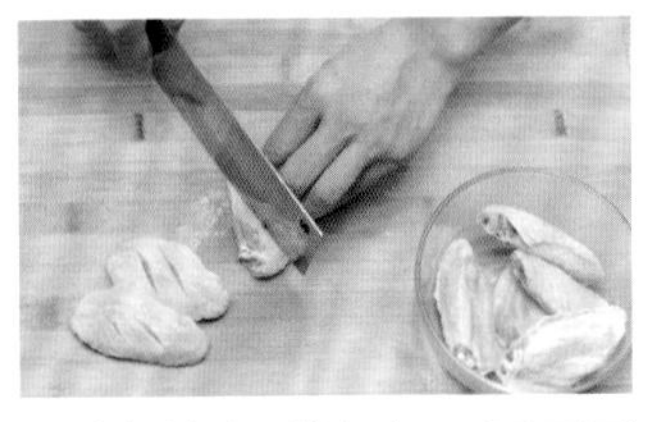

1 鸡翅洗净后沥干，正反两面各划两刀，方便入味。

奥尔良烤翅腌料

2 将腌料加少量水调开，加入鸡翅后翻拌均匀，放置 20 分钟以上。

3 烤箱 200℃预热 3 分钟，烤盘上铺上锡纸，摆好鸡翅。

用烤箱无须守候

4 放入烤箱中层，200℃烤 20 分钟。

5 取出烤箱，给鸡翅涂抹腌料后放入烤箱，200℃再烤 10 分钟至鸡翅两面金黄即可。

童年记忆

红烧带鱼

50分钟　高等

带鱼是我最喜欢的鱼，因为带鱼肉肥厚鲜美，刺很规整，很好弄出来。红烧带鱼表面泛着红色，白色的鱼肉鲜嫩细腻，咸味中微微带着一些甜甜的味道。

主料

带鱼 500 克

辅料

食用油 50 毫升 | 葱段 10 克
姜片 10 克 | 蒜片 10 克 | 面粉 30 克
红烧汁 35 毫升
辣椒段 20 克

烹饪秘籍

如果想带鱼更入味，可以在鱼段的表面切几刀，但不能切断。红烧汁综合了生抽、料酒、白糖的味道，用起来十分方便，省去了调汁的时间。

做法

1 带鱼洗净，切成 5 厘米的段，用厨房纸擦干，并薄薄裹上一层面粉备用。

2 锅中倒入食用油，依次放入带鱼段，用小火煎至两面金黄时盛出。

3 锅中留油，放入葱段、姜片、蒜片煸香，接着放入煎过的带鱼。

红烧汁

4 倒入红烧汁，加适量清水，焖煮至收汁时加入辣椒段调味即可。

桃花流水鳜鱼肥

清蒸鳜鱼

20分钟　简单

主料

已宰杀的鳜鱼1条

辅料

食用油2汤匙 | 料酒1汤匙
姜丝30克 | 葱丝30克
红辣椒丝15克 | 蒸鱼豉油2汤匙

偷懒秘籍
食材
预处理简单

做法

食材预处理简单

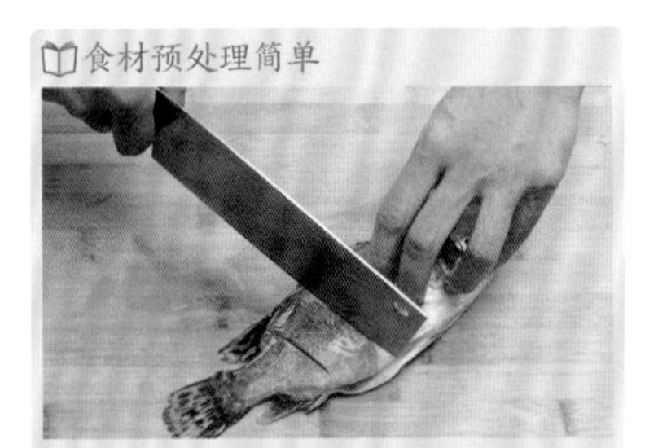

1 将已经宰杀的鳜鱼内外洗净，在鱼身两面各斜切3刀方便入味。

2 取一盘子，姜丝和葱丝铺在鱼身及鱼肚上，并淋入料酒。

3 蒸锅烧水，水开后放入鳜鱼蒸15分钟。

4 取出鳜鱼，弃掉原先的姜丝、葱丝，倒掉蒸鱼汁，并铺上新切的辣椒丝和葱丝。

5 热锅烧热食用油，淋在鳜鱼上，最后淋入蒸鱼豉油即可。

烹饪秘籍

蒸出的鱼想要嫩而不腥的技巧在于：入锅蒸的时间不能太久，熟了就要关火，而且关火后可以利用余温再闷三五分钟出锅。而蒸好后倒掉原先的蒸鱼汁以及淋入热油则可以去腥。

"花鲫鱼"是"鳜鱼"的别称，它满身花斑，前世本是谦谦公子，怎料三月被捕，成为佳肴一道。简单处理的鳜鱼清蒸，最能散发其鲜味。

喜事连连

鲢鱼丝瓜汤

30分钟　简单

偷懒秘籍
做法简单

主料

鲢鱼中段500克
丝瓜1个

辅料

葱段5克 | 姜片5克
盐3克 | 白胡椒粉1茶匙

做法

1 将鲢鱼中段去鳞、洗净，剁成4厘米的块。

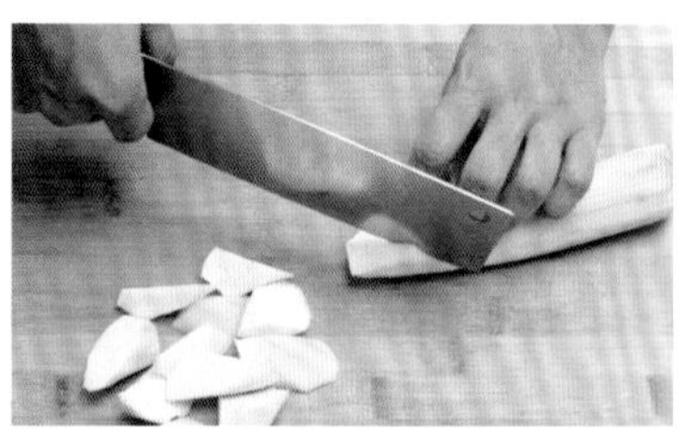

2 丝瓜去皮、洗净，切成和鲢鱼段一样长的滚刀块。

3 锅中加水，放入鲢鱼。

4 再放入生姜片、葱段。

5 煮至鲢鱼九成熟时，加入丝瓜。

6 最后加入盐和白胡椒粉调味即可。

烹饪秘籍

1 鲢鱼属于淡水鱼，有一定的腥味，所以在挑选时首选活鱼，会相对减轻腥味。而从品种上来说，红鲢会比青鲢少些腥味。

2 丝瓜不要太早放入，否则煮后会又软又黄。

白鲢白鲢，白如白练。穿梭于繁茂的水草之间，游于大河大川之中。鲜美的鲢鱼在丝瓜汤中还是那副羞涩顽皮的模样。

异域风情

泰式炒饭

40 分钟　中等

主料

菠萝半个

隔夜饭 1 碗（约 100 克）

辅料

食用油 3 汤匙 | 洋葱丝 20 克

虾 10 只 | 鱼露 2 茶匙

咖喱粉 2 茶匙

偷懒秘籍

做法简单

做法

1 用勺子将菠萝果肉挖出后切成小丁并控干水分，菠萝壳留着备用。

2 锅里烧开水后，把虾放入焯熟，剥皮、去头尾成虾仁。

3 锅中倒入食用油，放入洋葱丝炒香。

4 加入米饭快速翻炒均匀。

5 加入咖喱粉、鱼露炒香。

6 倒入虾仁和菠萝丁，翻炒熟后装入菠萝壳中即可。

烹饪秘籍

1 虾肉也可以用鸡肉代替。

2 菠萝要最后放入，否则炒饭容易出水。

3 鱼露和咖喱已自带咸味，无须再加盐调味。如果条件允许，也可以加入椰浆粉，口感会更好。

东南亚的菠萝炒饭是吃了会做梦的炒饭。柠檬的清新、海货的鲜美与辣椒的刺激，混合成了泰国风情。

韩国家常菜

韩式大酱汤

30 分钟　简单

偷懒秘籍
做法简单

主料

猪五花肉 150 克 | 土豆 1 个
豆腐块 200 克 | 西葫芦 100 克
蛤蜊 300 克

辅料

青辣椒圈 30 克 | 食用油 1 汤匙
韩式大豆酱 2 汤匙 | 韩式辣酱 1 汤匙
淘米水适量 | 淡盐水适量

做法

1 蛤蜊提前用淡盐水泡至吐沙后洗净。五花肉洗净，切成薄片。土豆和西葫芦去皮，洗净后切成小块。

2 锅中放入食用油，用小火将五花肉炒出香味。

3 加入淘米水、大豆酱和辣酱，大火烧开。

4 加入土豆和西葫芦煮几分钟。

5 加入豆腐块和蛤蜊煮开。

6 放入青辣椒圈点缀即可。

烹饪秘籍

1 用淘米水煮比直接加水煮出的汤更醇厚。
2 大豆酱本身含盐，大酱汤可以不用再加盐。
3 五花肉也可以用牛肉代替，喜欢海鲜口味的也可以和虾一起煮。

韩剧里经常出现的大酱汤，在家也可以轻松做出来。学会了大酱汤，没准哪天会偶遇到自己命中注定的另一半呢。

琴与墨，诗与歌

西芹爆墨鱼

20 分钟　简单

偷懒秘籍

用市售的冷冻墨鱼花

主料

市售冷冻墨鱼花 400 克

西芹 150 克

辅料

食用油 2 汤匙 | 生抽 1 汤匙

蒜片 5 克 | 料酒 1 汤匙

做法

用市售的冷冻墨鱼花

1 冷冻墨鱼花提前取出解冻，洗净、沥干备用。

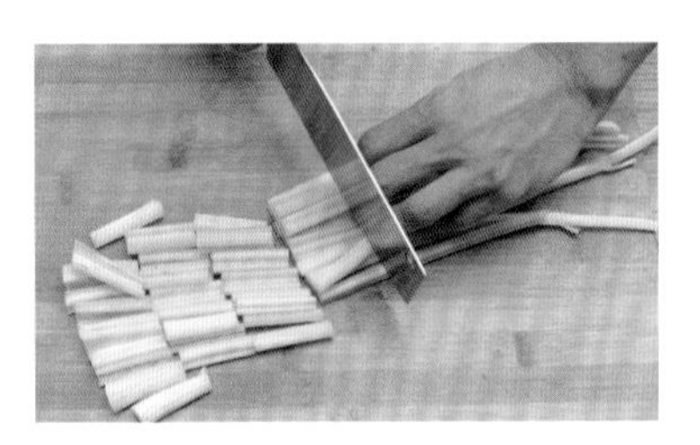

2 西芹洗净，切成 3 厘米的段。

3 锅中倒入食用油，放入蒜片煸出香味后倒入西芹翻炒。

4 西芹炒至断生时加入墨鱼花继续翻炒。

5 加入生抽、料酒调味即可。

烹饪秘籍

墨鱼花本身已带咸味，所以无须加入过多的盐分，如果改用新鲜的墨鱼，这道菜会更加鲜美。西芹如果换成芹菜也是一样的美味。

西芹长得中规中矩，站的笔直；墨鱼花是穿着白色连衣裙的女孩子，头发烫成大波浪。两者对比强烈，有着不同的口感味道。

著名汤品

海鲜冬阴功汤

50分钟　简单

主料

虾300克 | 蛤蜊500克
草菇200克 | 小番茄100克
青柠檬汁10毫升

辅料

冬阴功汤料包1袋
椰浆100毫升 | 鱼露1汤匙

烹饪秘籍

各品牌的冬阴功汤料包配料会略有不同，如果已包含椰浆粉的，可以不用再添加椰浆。喜欢辣味的可以自行添加辣椒粉。

做法

1 洋葱洗净、切丝，小番茄洗净、切半，草菇洗净、切半。

2 蛤蜊洗净，虾去须，剔除泥肠后洗净。

用市售冬阴功汤料包

3 锅中放入1000毫升水，放入冬阴功汤料包煮开。

4 煮开后放入虾、蛤蜊、草菇和小番茄。

5 烧开后倒入椰浆和鱼露调味，最后挤入青柠檬汁即可。

酸爽健康

百香果汁沙拉

20分钟　简单

百香果兼收并蓄了多种水果的香气，加上软软的香蕉、脆脆苹果和腰果，被绵绵的酸奶覆盖起来，滋味十分美妙。

主料

百香果1个｜香蕉1根

苹果1个｜腰果30克

辅料

低温酸奶100克

烹饪秘籍

水果的品种可以自由选择，如牛油果、猕猴桃、芒果等。腰果也可以换成其他坚果，都一样的美味。百香果选表皮微微皱的最好，子可以保留，不用去掉。

做法

食材预处理简单

1 百香果洗净，取果肉和果汁，倒在沙拉碗中。

2 香蕉和苹果去皮，切成片，放入沙拉碗中。

3 放入酸奶和腰果后搅拌均匀即可。

夏威夷风情

清新水果比萨

50分钟　中等

主料

薄底9英寸比萨饼底1个

蓝莓30克 | 草莓50克

切好的菠萝片50克

辅料

马苏里拉奶酪碎100克

甜味沙拉酱2汤匙

淡盐水适量

偷懒秘籍

用现成的比萨饼底
+
用烤箱无须守候

做法

用现成的比萨饼底

1 提前取出比萨饼底，解冻至软化。

2 准备水果：将切好的菠萝片用淡盐水泡20分钟；草莓和蓝莓洗净，草莓切半。

3 烤盘上铺上油纸，放入比萨饼底。

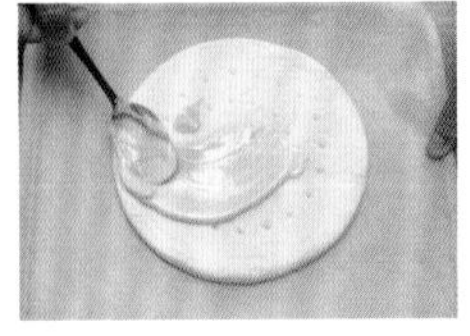

4 在比萨饼底上先均匀抹上一层甜沙拉酱。

5 接着开始铺水果：菠萝片铺满表面，草莓顺着铺成一个圆圈，以蓝莓作为点缀。

6 最后在水果上层撒满马苏里拉奶酪碎。

用烤箱无须守候

7 预热烤箱后，以210℃烤10分钟左右，至奶酪碎融化拉丝即可。

烹饪秘籍

1 想要烤出拉丝的比萨，马苏里拉奶酪碎是不可缺少的原料。

2 适合做比萨的水果要选择水分少的，避免酸涩口味，苹果、芒果、火龙果、榴莲都很不错。如果想更省时，也可以用优质的水果罐头来代替。

圆圆的饼皮上面铺满了心爱的水果，用奶香十足的奶酪作为黏合剂。吃久了油腻的食物，偶尔来点小浪漫，给生活增添趣味。

金玉满盆

蟹黄豆腐

40分钟　高等

主料

嫩豆腐250克

市售咸鸭蛋黄3个

辅料

食用油2汤匙 | 盐2克

葱花10克 | 姜末5克

白胡椒粉1/2茶匙

偷懒秘籍

用市售的咸鸭蛋黄

做法

用市售的咸鸭蛋黄

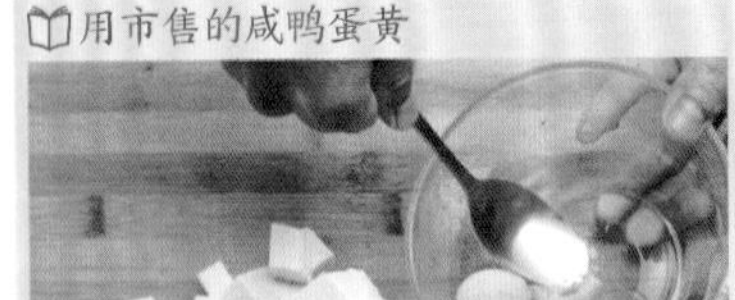

1 豆腐去掉包装，倒扣在案板上，切成均匀的小方块。咸蛋黄用勺子碾碎成泥状。

2 锅中倒入食用油，放入姜末，用中火煸出香味。

3 倒入碾碎的咸蛋黄不断翻炒，直到出现小泡沫。

4 放入豆腐块和盐，加点清水盖过食材，用中火焖煮5分钟。

5 收汁时加点葱花和白胡椒粉调味即可。

烹饪秘籍

这道菜里的豆腐大家可以根据自己的喜好来选择不同的类型，喜欢硬的可以用老豆腐。如果想进一步提升口感，加点高汤来焖煮豆腐，味道则更鲜美。

咸蛋黄冒着橙色的油光，慢慢碾碎，咕嘟咕嘟地煮，
使沙沙的咸蛋黄和油脂充分融合。豆腐嫩嫩的，
洁白如玉，挂上了少许金色的汤汁。

清香素雅

芦笋炒百合

20分钟　简单

主料

芦笋500克

新鲜百合1个

枸杞子10个

辅料

食用油2汤匙 | 盐3克

蒜片5克 | 红辣椒丝5克

鸡精2克

烹饪秘籍

芦笋如果先用热水焯烫再炒，可以提升这道菜的口感；百合尽量不要炒太久，爽脆的口感能使这道菜加分不少。

做法

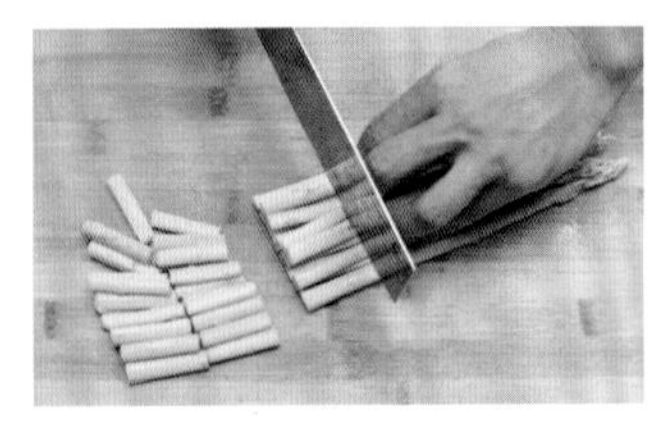

1 芦笋择掉老梗，洗净后，切成4厘米的段。

食材预处理简单

2 百合剥开、洗净，枸杞子泡发备用。

3 锅中倒入食用油，放入蒜片和红辣椒丝，煸出香味后倒入芦笋翻炒。

4 芦笋炒至断生时加入百合片、枸杞子炒匀。

5 加入盐和鸡精调味即可。

大珠小珠落玉盘

松仁炒玉米

30分钟　简单

主料

- 冷冻甜玉米粒 200 克
- 冷冻豌豆 100 克
- 熟松仁 100 克

辅料

食用油 2 汤匙 | 盐 4 克
白糖 1 茶匙 | 纯牛奶 50 毫升

烹饪秘籍

这道菜的口感重在清甜，所以无须加入过多调料，如果用的是生松仁，则需要提前用小火炒制一下。另外，这道菜还可以加入胡萝卜或黄瓜等其他配料以增加视觉上的丰富感。

做法

用市售的冷冻玉米、豌豆

1 提前将冷冻甜玉米粒和冷冻豌豆化冻备用。

2 锅中烧热水，冷冻甜玉米粒和冷冻豌豆用开水焯烫5分钟左右，捞出沥干。

3 锅烧热，倒入食用油，倒入玉米粒和豌豆用大火翻炒。

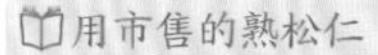

用市售的熟松仁

4 加入牛奶，汁点防止干锅，加入熟松仁继续翻炒。

5 最后加入盐和白糖调匀即可。

四季平安

干煸四季豆

30 分钟　简单

四季豆的肉十分厚实，不宜入味。但在四季豆饱满的表皮开始起皱泛黄的时候，趁四季豆不注意，味道就悄悄渗入到豆角里面。

主料

四季豆 500 克

辅料

食用油 3 汤匙 | 花椒 5 克
干辣椒段 5 克 | 盐 4 克
鸡精 2 克

烹饪秘籍

四季豆一定要去掉两端及两侧的豆筋，吃起来口感才不会粗糙。如果在用盐和鸡精调味前添加猪肉末，口感会更丰富。

做法

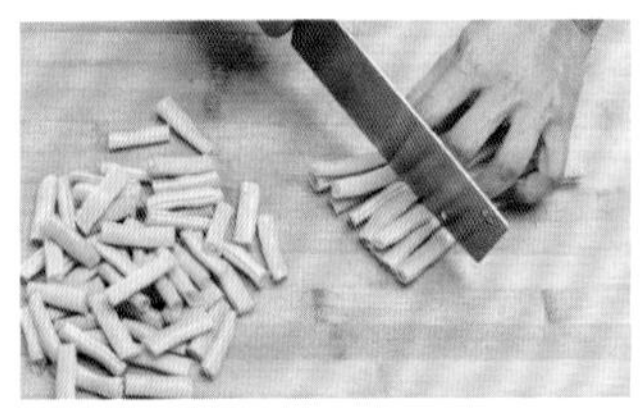

1 四季豆剔掉豆筋，并择除两端，洗净后切成 4 厘米长的段。

2 锅烧热，倒入食用油，升温到约四成热时倒入四季豆，用中火不断翻炒。

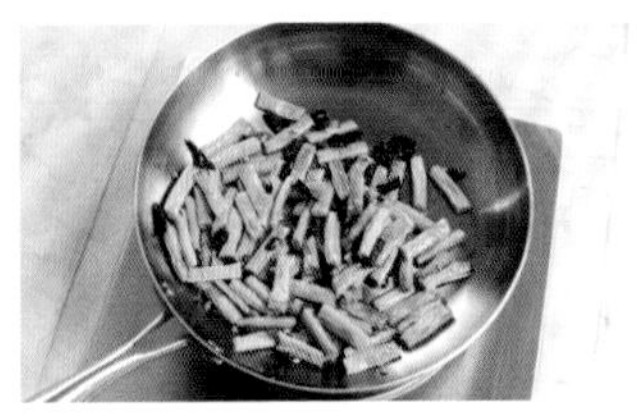

3 大约炒 15 分钟，至四季豆的表面起皱微黄时，加入干辣椒段和花椒炒至入味。

4 最后加入盐和鸡精炒匀即可。

老少皆宜

蒜蓉西蓝花

20分钟 简单

主料

西蓝花500克 | 胡萝卜适量

辅料

食用油2汤匙 | 蒜蓉10克

盐2克 | 蚝油1茶匙

烹饪秘籍

1 西蓝花可能有农药残留，可以先用淘米水或盐水浸泡半小时以上，洗净后再炒。

2 焯烫时，加入少许盐和食用油，能让西蓝花更加翠绿爽口。

做法

1 西蓝花切成小朵，泡水洗净。胡萝卜切成粗条后洗净备用。

2 锅中烧开水，放入西蓝花和胡萝卜，焯1分钟后捞出。

3 锅烧热，倒入食用油，放入蒜蓉煸出香味。

4 倒入西蓝花和胡萝卜，用大火[illegible]不断[illegible]

5 最后加入盐和蚝油调味即可。

玉米浓汤香飘万里，那诱人的奶香让人回味无穷。但是想减肥的小仙女却不敢尝试。不如换一种食材，做出更加低脂的健康浓汤。

偷懒秘籍

食材
预处理简单

醇厚香浓

低脂玉米浓汤

30 分钟　简单

主料

甜玉米 1 根

低脂纯牛奶 250 毫升

辅料

玉米面 2 汤匙

盐 2 克

烹饪秘籍

1 在煮玉米汁时要不时搅拌，否则易煳锅。

2 要选用甜玉米才有淡淡的甜味。还可以添加洋葱，使浓汤更具风味。

做法

食材预处理简单

1 将玉米洗净，顺着玉米棒竖切，将玉米粒切下来。

2 将玉米粒放入料理机，加适量水，打成汁。

3 锅中倒入牛奶、玉米汁，加入玉米面、盐，用小火煮开即可。

暖身醒胃

豆腐味噌汤

20分钟　简单

味噌汤是日本国宝级汤品，看上去清汤寡水，清清淡淡，像是一汪没有波澜的平静的湖水，其中隐含的鲜味，仿佛潜行着一条大鱼。

主料

嫩豆腐 300 克 | 裙带菜 15 克

辅料

味噌 2 汤匙 | 葱花 10 克

烹饪秘籍

1 味噌质地浓稠，需要提前化开后再下锅，在出锅前放入可以最大限度地保持鲜美。

2 这道菜由于味噌自带咸味，可以不用加盐，如果喜欢其他食材，还可以增加鱼干、菌类或是其他蔬菜。

3 裙带菜不用提前泡发，一下锅煮就变软，如果买不到，可以用海带代替。

做法

食材预处理简单

1 豆腐去掉包装，倒扣在案板上，切成均匀的小方块。

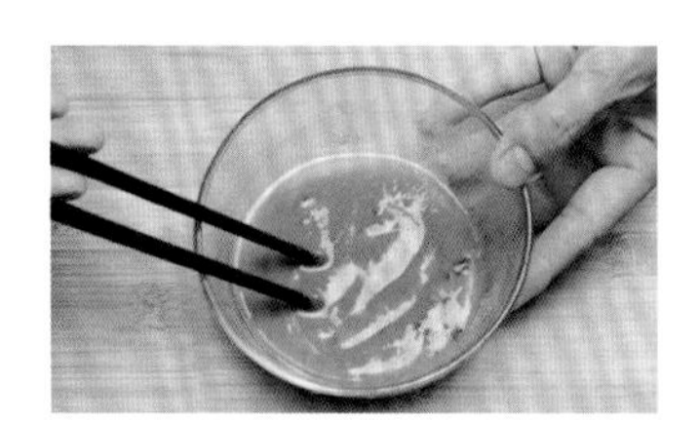

2 味噌放在小碗中，用少量温水化开。

3 锅中放水，加入豆腐和裙带菜煮至沸腾。

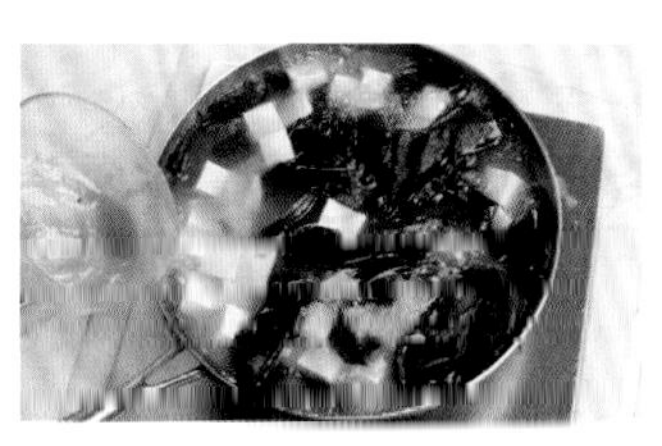

4 放入化开的味噌，煮开后放入葱花即可。

萨巴厨房®

系列图书

吃出健康系列

懒人下厨房系列

家常美食系列

图书在版编目（CIP）数据

萨巴厨房. 懒人快手做一餐 / 萨巴蒂娜主编 . — 北京：中国轻工业出版社，2019.12
ISBN 978-7-5184-2717-8

Ⅰ . ①萨… Ⅱ . ①萨… Ⅲ . ①食谱 Ⅳ . ① TS972.12

中国版本图书馆 CIP 数据核字（2019）第 233303 号

责任编辑：高惠京　　责任终审：劳国强　　整体设计：锋尚设计
策划编辑：龙志丹　　责任校对：李　靖　　责任监印：张京华

出版发行：中国轻工业出版社（北京东长安街6号，邮编：100740）
印　　刷：北京博海升彩色印刷有限公司
经　　销：各地新华书店
版　　次：2019年12月第1版第1次印刷
开　　本：720 × 1000　1/16　印张：12
字　　数：200千字
书　　号：ISBN 978-7-5184-2717-8　定价：49.80元
邮购电话：010-65241695
发行电话：010-85119835　传真：85113293
网　　址：http://www.chlip.com.cn
Email：club@chlip.com.cn
如发现图书残缺请与我社邮购联系调换
181028S1X101ZBW